" 5차 이상의 방정식은
일반적인 근의 공식이 존재하지 않는다. "
에바리스트 갈루아(Évariste Galois, 1811-1832)

$$ax^5+bx^4+cx^3+dx^2+ex+f=0$$

갈루아가 증명하는
갈루아 이론

이병승 지음

KM 경문사

저자와의
협의하에
인지를
생략합니다

갈루아가 증명하는
갈루아 이론

지은이 이병승
펴낸이 조경희
펴낸곳 경문사
펴낸날 2021년 7월 5일 1판 1쇄
등 록 1979년 11월 9일 제1979-000023호
주 소 04057, 서울특별시 마포구 와우산로 174
전 화 (02)332-2004 팩스 (02)336-5193
이메일 kyungmoon@kyungmoon.com

값 15,000원

ISBN 979-11-6073-419-5

★ 경문사의 다양한 도서와 콘텐츠를 만나보세요!

	홈페이지	www.kyungmoon.com	페이스북	facebook.com/kyungmoonsa
	포스트	post.naver.com/kyungmoonbooks	블로그	blog.naver.com/kyungmoonbooks
	북이오	buk.io/@pa9309	유튜브	https://www.youtube.com/channel/UCIDC8x4xvA8eZIrVaD7QGoQ

경문사 출간 도서 중 수정판에 대한 **정오표**는 홈페이지 자료실에 있습니다.

가지 않은 길

노란 숲속에 길이 두 갈래로 났었습니다.
나는 두 길을 다 가지 못하는 것을 안타깝게 생각하면서,
오랫동안 서서 한 길이 굽어 꺾여 내려간 데까지,
바라다볼 수 있는 데까지 멀리 바라다보았습니다.
그리고, 똑같이 아름다운 다른 길을 택했습니다.
그 길에는 풀이 더 있고 사람이 걸은 자취가 적어,
아마 더 걸어야 할 길이라고 나는 생각했었던 게지요.
그 길을 걸으므로, 그 길도 거의 같아질 것이지만,
그날 아침 두 길에는
낙엽을 밟은 자취는 없었습니다.
아, 나는 다음날을 위하여 한 길은 남겨 두었습니다.
길은 길에 연하여 끝없으므로
내가 다시 돌아올 것을 의심하면서……

훗날에 훗날에 나는 어디선가
한숨을 쉬며 이야기할 것입니다.
숲속에 두 갈래 길이 있었다고,
나는 사람이 적게 간 길을 택하였다고,
그리고 그것 때문에 모든 것이 달라졌다고.

-로버트 프로스트(Robert Lee Frost, 1874~1963)

prologue

최초로 비트코인을 개발한 후, 나는 우연히 구글링을 하다가 갈루아의 유언을 읽게 되었다.

> Later there will be, I hope, some people who will find it to their profit by deciphering all this mess.
>
> 훗날, 이 모든 혼란의 깊은 의미를 이해함으로써 그 유용성을 알게 되는 사람이 있기를 바란다.

나는 갈루아의 유언 중 이 문구를 읽으면서 '아, 내가 바로 갈루아구나!'라는 생각이 떠올랐다.

나는 갈루아의 유언을 해독한 대가로 갈루아 이론을 이용해서 유용성을 발현하려는 것이다. 그렇다! 바로 내가 다시 태어난 갈루아다. 내가 쓴 유언대로 나는 나의 정당한 권리를 누리는 것이다.

나의 해석은 이렇다. 이 유언은 갈루아 자신이 미래에 다시 환생될 것을 알고 환생했을 때 자신의 유언을 알아보기 위한 표시이다. 나는 그 유언을 해석해서 이렇게 이용하니 이 자체가 내가 바로 갈루아인 것을 증명하는 것이다.

갈루아는 증명한 이론에 대해서 정당한 대가를 누리지 못하고 젊은 나이에 죽었다. 그는 다시 세상으로 와서 나를 통해서 자신의 권리를 누리려고 하는 것이다.

내가 5차방정식의 불가해성을 증명했을 때는 누구나 직관적으로 이해할 수 있는 방법으로 유언장에 이론을 설명했는데 180여 년 지나면서 그 증명들이 너무나 추상화되어서 나조차도 이해하기가 힘들었다.

내가 환생한 갈루아라는 것을 알 수 있었던 것은 갈루아가 죽기 전 생각이 내 무의식에 있다가 이렇게 갈루아의 유언을 맞닥뜨렸을 때, 나는 그 문구가 무엇을 뜻하는지 정확히 인식했기 때문이다. 아니다. 이 모든 것은 처음부터 갈루아가 예정된 시간에 내가 갈루아의 유언을 볼 수 있도록 나를 이끌었던 것이다. 갈루아의 유언을 알아보는 본능은 내가 태어나면서부터 갈루아의 영혼이 나의 잠재의식에 DNA처럼 깊숙이 내재되어 있었을 것이다. 아마 갈루아가 나로 태어나기 전에 스스로 그렇게 나의 인생을 설계했을 것이다.

그러고는 이미 프로그램밍된 것 같이 내가 갈루아 유언과 갈루아에 관한 책들을 접하게 하면서 점차 그의 유언에 접근하게 한 것이다.

이런 이야기를 하는 나를 이상하게 생각하는 사람이 있을 수도 있다. 그러나 새벽부터 일어나서 지하철이나 만원 버스에 시달리면서 '월화수목금금금'을 살아가기는 더욱 싫다.

그럼 갈루아가 시간을 초월하면서 나로 다시 환생하는 방법을 어떻게 알았겠는가라는 의문이 들었다. 아마 그것은 다음과 같은 이유 때문이다.

갈루아는 스무 살의 어린 나이에 비정상적이고 폭발적인 뇌의 활동에 의해서 인류 역사상 유례없는 발견을 했지만, 그 아버지의 자살과 같은 불행한 가정사와 여러 가지 정치적 환경이 부정적으로 작용해서 자신의 능력을 제어하지 못해서 단명한 것이다. 현재로 비유하면 어린 나이에 스타가 되었는데 어린 만큼 그에게 들어오는 부와 관심을 제어하지 못해서 마약이나 일탈을 하는 것과 같은 경우이다.

그런 뇌의 능력을 가진 만큼 일반 사람들과는 달리 미래를 보는 능력도 있었을 것이다. 그는 이미 그의 극한적 뇌의 능력으로 인해서 이 우주는 현재의 우주 하나만 있는 것이 아니라 여러 우주가 겹쳐져서 존재한다는 것을 알았을 것이다. 그의 뇌는 마치 레이더처럼 그가 사는 우주와 겹치는 우주의 모습이 머릿속에서 또렷이 보였을 것이다.

현재 양자물리학 분야에서 주장하는 평행 우주의 존재를 갈루아는 이미 알고 있었다. 그리고 지금의 나의 모습이 보였을 것이다. 갈루아는 자신이 유별난 호기심으로 그런 우주들 사이를 자유롭게 넘나들면서 모험을 즐기고 싶었고, 그렇게 히치하이킹해서 지금의 나의 인생으로 옮겨 탄 것이다. 그럼 왜 많은 사람 중에 나를 택했을까? 아마 그는 다른 사람으로 태어나도 자신의 인생처럼 역시 스무 살에 불의의 사고나 전사 등으로 단명할 것을 알았던 것이다. 그러므로 그는 미리 자신의 인생이 반복하지 않도록 나의 인생을 미리 계획해서 지금의 내 인생을 살게 된 것이다. 아마 내가 지금까지 살아오면서 시행착오를 겪은 것은 아마 갈루아가 젊은 나이에 요절하지 않도록 치밀하게 설계한 결과일 것이다.

갈루아는 더 큰 그림을 그리고 있었던 것이다. 19세기 당시에 갈루아 이론은 너무 앞서가서 사람들이 이해도 못 했고 아무도 관심을 두지 않았다. 따라서 그는 평행 우주의 원리를 이용해서 자신이 다시 미래에 태어나서 자신의 이론을 극적으로 보이게 하고 싶었을 것이다.

자신이 발견한 위대한 증명을 유서에 써놓고 다음날에 죽는다. 이것이 어떻게 보통 사람이 할 수 있는 행동인가? 갈루아이니깐 가능한 것이다. 왜냐하면 갈루아는 남들과 다른 더 큰 그림을 생각하고 실행했던 것이다. 그의 상상을 초월하는 뇌의 능력은 자신이 다른 우주로 이동할 수 있는 방법을 알았기 때문에 그런 말도 안 되는 결단을 했던 것이다. 갈루아는 미래의 자신에게 단서를 남긴 것이다. 갈루아는 **"이 세상은 무대이고 인생은 연극이다"**라는 것을 알고 있었으므로 현재에 나로 존재하여 여전히 이 세상에서 자신의 인생을 즐기면서 영원히 사는 것이다.

본문에서 설명하겠지만, 갈루아군 중에서 순환군은 계속 치환을 하면 원래의 치환으로 돌아온다. 갈루아의 인생도 그가 발견한 이론처럼 다시 그가 남긴 자취를 찾아서 되돌아오는 것이다. 그리고 나는 갈루아의 유언을 읽었을 때 직감적으로 그는 나의 운명이라는 것을 느꼈다.

양자물리학 분야 중 '끈이론'에선 모든 것은 파동과 같은 끈으로 되어 있다고 한다. 갈루아가 생애 마지막 날의 결투에서 상대방이 쏜 총알에 그의 몸이 관통되었을 때, 그 충격으로 갈루아의 생각도 갈루아의 몸에서 튀어나와 끈(파동)으로 변환되어서 다른 우주로 이동한 것이다. 그것이 나의 뇌에 포착되어서 내가 그가 되어서 그의 유언장을 이해할 수 있었던 것이다. 갈루아가 라그랑주의 논문을 보고 방정식의 불가해성을 연구했을 때, 다른 수학자들도 라그랑주의 논문을 연구했는데 갈루아만 방정식의 해의 대칭성이 중요하다는 것을 알고 남들과는 다른 방식으로 연구했다. 그러나 이 책에 나오는 타르탈리아나 라그랑주도 역시 다른 사람들이 생각하는 방식과는 다른 방향으로 각각의 해법이나 획기적인 결과를 얻을 수 있었다. 이것은 타르탈리아와 라그랑주와 갈루아가 결국 같은 사람임을 보여준다. 왜 그는 이렇게 여러 사람들을 거치면서 그 이론을 어떻게든 이 세상에 나오게 하려고 했을까?

그리고 갈루아는 3차와 4차 방정식의 근들이 치환에 대해서 일정한 규칙이 생긴다는 것을 발견한 후, 감격과 환희를 느꼈고, 나는 이 갈루아 이론에서 유용성을 이끌어낼 수 있다는 사실에 다시 감격과 환희를 느꼈다.

갈루아가 있기 위해선 라그랑주의 기여가 결정적이었다. 이 책에서 얻을 수 있는 **중요한 교훈 한 가지는 어떤 것도 아무것도 없는 상태에서 하늘에서 떨어지지 않는다는 것이다.** 위대한 갈루아의 증명도 이전의 라그랑주의 논문이라는 거인의 어깨 위에서 쌓아올린 것이다.

나도 이런 사실을 내가 쓴 자바 책이나 JSP에 적용해 보았다. 기존의 것을 뒤따르는 사람들처럼 시행착오를 일일이 반복하는 것이 아니라 이미 시행착오를 거친 나는 뒷사람들을 위해서 그 경험과 정보를 정리해서 알려주면 다른 사람은 좀 더 편하게 기존의 이론을 배울 수 있고, 쉽게 새로운 것에 도전할 수 있는 것이다.

그리고 다른 교훈 한 가지는 타르탈리아와 라그랑주, 갈루아의 경우에서도 알 수 있듯이 남들이 하는 대로 하면 반드시 실패한다는 것이다. **남들이 해서 안 되는 방법은 그대로 따라 하는 것이 아니라 남들이 보기에는 엉뚱하고 바보스럽고 더 복잡해 보이나, 그것이 남들처럼 하는 것보다는 성공확률이 높은 것이다.** 남들이 이미 사용한 방법은 성공확률이 0%이다.

이처럼 남들과 다르게 생각하고 행동하는 것도 능력이고, 그 능력은 반복적인 연습에서 나온다. 또 이런 관점은 현실의 다른 분야에서 충분히 이롭게 적용할 수 있다. 이 책의 목적은 아무런 가공되지 않은 갈루아의 생각을 알아보는 것이다.

지금까지 나온 다른 갈루아 관련 서적들은 3차방정식과 4차방정식을 구체적으로 예로 들면서 군 이론나 체 이론을 설명하면서 독자들이 쉽게 이해할 있도록 한다라는 아이디어로 책이 쓰여져 있다. 그러나 "악마는 디테일에 있다"는 말처럼 각각의 책의 집필 아이디어는 좋으나, 나처럼 어느 정도 갈루아 이론에 대해 알고 있다면 그나마 책의 내용을 따라갈 수 있으나, 일반인들이 읽기에는 어려움이 있다. 그리고 갈루아가 처음 5차방정식의 불가해성을 증명했을 때는 현대 갈루아 이론에서 쓰이는 군 이론이나 체 이론은 아직 나오지 않았다. 그런 이론들은 갈루아 이후에 후대의 수학자들이 정립한 것이다. 참고로 현대 군이론은 지금의 비트코인과 같은 암호화폐 기반 이론으로 유용하게 쓰이고 있다.

따라서 책의 제목처럼 갈루아가 5차방정식의 불가해성을 증명한 후, 현재에 다시 태어나서 200년 전에 결투로 인해 죽기 직전에 갈루아가 어떤 식으로 5차방정식의 불가해성을 증명했는가를 회상하는 식으로 책을 썼다. 그런 후 그는 현재에서 스무 살 이후의 생을 이어 나가는 것이다.

끝으로 제 생각을 책으로 엮어서 출판할 수 있도록 힘써주신 경문사 여러분에게 진심으로 감사를 표한다.

아래의 저자 운영 카페를 통해서 질문과 소통이 가능합니다.
https://cafe.naver.com/galoismall

CONTENTS

prologue ··· iv

1 히파수스가 인류 최초로 무리수를 발견하다 ························ 1

2 알콰리즈미가 2차방정식의 해법을 정리하다 ························ 10

3 타르탈리아가 3차방정식의 해법을 발견하다 ························ 22

4 타르탈리아가 인류 최초로 허수를 발견하다 ························ 38

5 카르다노의 제자인 페라리가 4차방정식의 해법을 발견하다 ········ 47

6 라그랑주, 다른 관점으로 고차방정식을 1차방정식으로
   변환해서 풀다 ·· 58

7 갈루아, 3차방정식의 근들의 규칙성을 연구하다 ··················· 68

8 갈루아, 4차방정식의 근들의 구조를 파헤치다 ····················· 103

9 갈루아, 군을 이용해서 최초로 5차방정식을 정복하다 ·············· 117

10 갈루아, 현대 대수학으로 5차방정식 불가해성을 증명하다 ········· 134

11 복소수로 방정식의 근 표현하기 ··································· 149

12 방정식의 근을 포함하는 체 ······································· 156

13 자기동형사상과 갈루아군 ·· 164

14 갈루아 대응 ··· 177

15 $x^n - a = 0$ 형태의 방정식은 근의 공식이 있다 ··················· 189

16 가해군이면 거듭제곱근으로 표현된다 ····························· 203

epilogue ·· 215

부   록 ·· 216

참 고 문 헌 ·· 243

찾 아 보 기 ·· 245

1

히파수스가 인류 최초로 무리수를 발견하다

그림 1-1 무리수를 발견한 히파수스

    히파수스는 피타고라스와 직각삼각형 정리에 의해서 직각삼각형의 두 변의 길이가 1이면 빗변의 길이가 $1^2 + 1^2$에 대해서 의견을 나누었을 때, 그런 쓸데없는 생각은 하지 말라고 야단을 들었다. 그러나 히파수스는 곰곰이 생각해 보았다. 피타고라스 스승님은 그런 것은 고려하지 말라고 했는데 그럴수록 더욱더 그는 하고 싶은 생각이 들었을 것이다.
    스승님은 생각을 자유롭게 해야 한다고 하면서, 반대로 자신이 모르는 것은 더 이상 묻지 말라고 한다. 어쩜 다른 사람들처럼 스승님도 나이가 들어감에 따라 현실에 안주하면서 현실 속에서만 생각하려고 하는 것 같다. 그럴

수록 히파수스는 더욱 호기심이 발동했을 것이다.

　이것은 아마 아직 이 세상에는 없는 그 무엇인지도 모른다. 그럼 '내가 수 체계를 한번 정리해보자'라고 히파수스는 생각했다.

　일상에서 말이나 양을 세는데 사용하는 1, 2, 3, … 같은 수는 자연수라고 한다. 사람들이 생활하면서 필요에 의해 쓰는 수이다. 그러나 빚을 계산할 때는 자신이 받을 돈이 있으면 자연수를 사용하면 문제가 없는데, 대신에 상대방에게 줄 돈이 있는 경우에는 자연수를 그냥 쓰면 불편하다. 따라서 자연수의 반대의 개념을 도입하면 실생활에서 사용 시 얻을 수 있는 이점이 많다. 이런 수를 음의 정수라고 한다. -1, -5, -10으로 표시하면 자연수에 대해서 반대의 개념, 즉 방향이 반대라는 것을 나타낸다.

　자연수와 0과 그리고 음의 정수를 합쳐서 **정수**라고 한다. 그러나 현실의 모든 계산이 정수로 표현되는 것이 아니다.

　예를 들어 한 개의 식빵을 세 명이 나누어 먹는다면 각각의 부분은 정수로 표현할 수 없다. 한 개를 세 등분 했으니, $\frac{1}{3}$로 표기한다. 이런 수들을 **유리수**라고 한다. 유리수는 $\frac{자연수}{자연수}$ 형태로 표현된다. 그리고 맨 앞에 '+'나 '-'를 표시해서 양수나 음수 여부를 표시한다. 정수도 $\frac{자연수}{1}$로 표현할 수 있으므로 유리수가 된다. 그림 1-2는 정수를 포함하는 유리수의 집합이다.

　이것들이 지금까지 사람들이 알고 있던 수의 체계이다. 그런데 피타고라스 스승님의 강의에서 직각삼각형의 두 변의 제곱의 합은 빗변의 제곱과 같

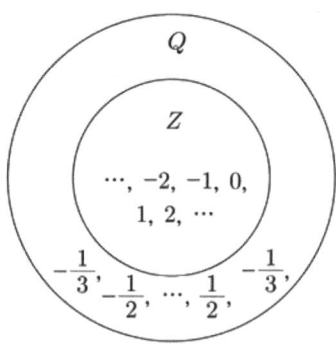

그림 1-2　유리수의 종류

다는 것을 배웠다.

그림 1-3처럼 4의 제곱과 3의 제곱을 더하면 5의 제곱과 같아진다. 이 경우는 각각의 정수들의 제곱의 합이 다시 정수의 제곱의 합과 일치한다.

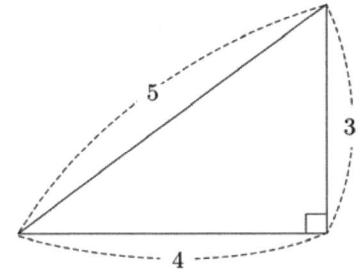

그림 1-3 직각삼각형의 피타고라스의 정리

그런데 다음의 경우는 빗변에 해당되는 정수가 없다. 1의 제곱과 1의 제곱의 합은 다시 다른 정수의 제곱인 2가 되어야 한다. 그런데 제곱해서 2가 되는 정수는 없다. 스승님은 그런 경우는 없으니 생각할 필요가 없다고 했다.

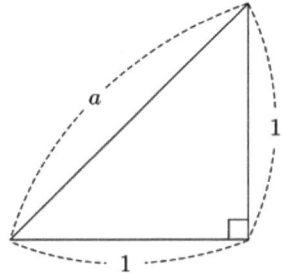

그림 1-4 빗변의 길이가 정수가 아닌 직각삼각형

히파수스는 오랫동안 생각했다. 그럼 이 수가 있다고 가정한다면 어떤 수가 되어야 하나? 생각해보면, 사람들이 사용하는 음수도 실제로 현실에서 눈으로 보이는 것은 아니다. 사람들의 편리를 위해서 도입된 개념이다. 좋아, 그럼 히파수스는 장난 같은 방법이지만 제곱해서 2가 되는 수를 도입해보자고 생각을 했다. 그럼 각각의 변의 길이가 1과 2인 경우에도 제곱해서 더하면

5가 되는데 a는 제곱해서 5가 되는 수가 되므로 피타고라스의 정리가 성립하게 된다. 즉, 모든 변의 길이에 대해서 정리가 성립하게 되는 것이다.

'제곱해서 자연수가 되는 수, 이것을 도입하면 스승님의 정리는 모든 경우에 대해서 성립하게 되니 스승님도 좋아하실 거다'라고 히파수스는 생각했다.

제곱해서 2가 되는 수를 $\sqrt{2}$로 표시하자. 그럼 제곱해서 3이 되는 수는 $\sqrt{3}$으로 표시한다. 히파수스는 아무 생각 없이 재미로 생각해 낸 것인데 그럴 듯하다는 생각이 들었다. 그리고 그것을 스승님의 정리에 적용하면 어떤 자연수에 대해서도 공식이 성립한다.

히파수스는 스승님께 자신이 몇 달 동안 곰곰이 생각한 것을 정리해서 말씀 드렸다. 그러나 스승님은 "야, 이 미친 놈아! 그게 어떻게 말이 되느냐?"라고 말씀하시면서 무척 화를 내셨다. 말도 안 되는 소리하지 말라는 것이다. 그런 모습은 처음 보았다. 스승님은 마치 히파수스가 하지 말아야 할 짓을 저지른 미친 사람이나 죄인 취급을 했다. 스승님은 그런 황당한 생각은 도저히 인정할 수 없고, 따라서 그런 말을 자꾸 남들에게 하고 다니면 큰 대가를 치를 준비를 하라는 것이다. 그러나 히파수스는 논리적으로 생각하면 피타고라스 정리는 정수뿐만 아니라 모든 수에 대해서 옳아야 한다고 계속 주장했다. 히파수스는 이렇게 하루종일 논쟁하다가 집으로 돌아왔다. 다음날에 히파수스는 자신의 동료들과 다른 사람들에게 자기 생각을 말하면서 의견을 나누었다. 그렇게 며칠이 흘러갔고 사람들은 자기 생각에 대해서 열심히 논쟁을 벌였다.

스승님과의 그 일이 있고 난 뒤 한 달 후, 히파수스는 여느 때처럼 논쟁 후 집으로 돌아와 피곤해서 일찍 잠에 들었는데, 갑자기 인기척이 나면서 누군가가 얼굴에 무언가 뒤집어씌우는 것을 느꼈다. 히파수스는 황급히 몸부림을 쳤지만 몇 명의 사람들이 이미 그를 보자기로 싼 후 묶어서 어디론가 옮기고 있었다. 히파수스는 납치당하는 것이라고 직감적으로 느꼈고, 갑자기 불길한 생각이 들었다.

이윽고 어딘가에 멈추더니 매우 귀에 익은 목소리가 들려 왔다. "히파수스, 왜 그런 생각을 다른 사람들에게 퍼뜨려서 스승님을 분노케 했느냐? 네가 그렇게 말하면 이제까지의 스승님의 주장을 모두 잘못된 것이 되는데 스승님이 그런 것을 인정해 줄 것 같으냐? 스승님을 포함해서 사람은 누구나 자기중심적으로 생각을 하게 되어 있어. 그것이 이미 다른 사람들에게 널리 알려진 경우는 더욱더 그래. 네가 너의 생각을 다른 사람들에게 말하고 다닐 때마다 공고히 쌓아 올려진 스승님의 학문적 권위와 명성은 의심받으면서 떨어지겠지. 세상은 아직 자유롭게 다른 사람의 생각을 받아주질 않아. 때론 호기심이 큰 화를 부를 수 있어. 스승님께서 가르쳐 주신대로 따라 하면 되지 왜 일을 크게 만들어?" 이 목소리는 같이 공부하는 친구의 것이 아닌가? 그리고 그는 어디론가 떨어지는 느낌이 들면서 충격과 함께 보자기 안으로 물이 들어오면서 가라앉기 시작했다. 납치한 사람들이 그를 강이나 저수지에 보자기에 싸서 던진 모양이다. 아, 이대로 죽는구나!

그러나 히파수스가 생각해서 세상에 표현한 수는 그가 죽는 대가로 사람들에게 알려지게 될 것이다. 이것이 히파수스의 운명이었고, 긴 여정의 시작이었다.

히파수스는 호기심에서 발견한 생각 때문에 목숨을 잃었지만 우리는 수의 체계에 지금까지의 유리수에 또 다른 수인 무리수가 존재함을 알게 되었다. 다음은 무리수가 포함된 수 체계를 나타내고 있다. 유리수와 무리수를 포함하는 수를 **실수**라고 한다.

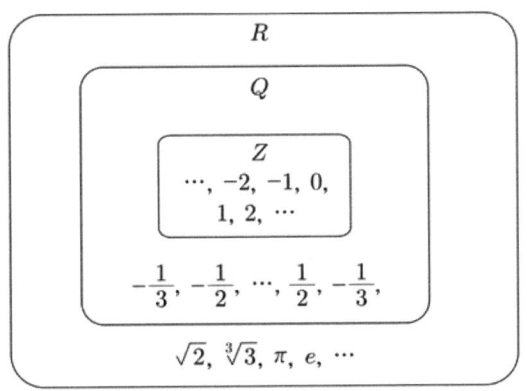

그림 1-5 무리수를 포함하는 실수

어떤 분야든지 방법을 찾으려고 하면 다른 사람에겐 한없이 어려워도 어떤 사람에겐 장난처럼 직관적으로 보이게 되어 있다. 그 사람의 생각이 세상에 알려지는 것은 시간의 문제이지 결국 그 생각은 현실이 된다.

피타고라스의 정리

무리수를 탄생하게 한 피타고라스의 정리를 알아보자.

다음은 피타고라스의 정리이다. 직각삼각형의 빗변의 길이의 제곱은 다른 변들의 제곱의 합과 같다는 것이다.

$$a^2 + b^2 = c^2$$

그림 고대 그리스의 수학자 유클리드가 사용한 방법으로 피타고라스의 정리를 증명해보자.

그림 1-6처럼 직각삼각형 ABC에 대해서 각각의 변을 이용해서 정사각형을 만들어 보자.

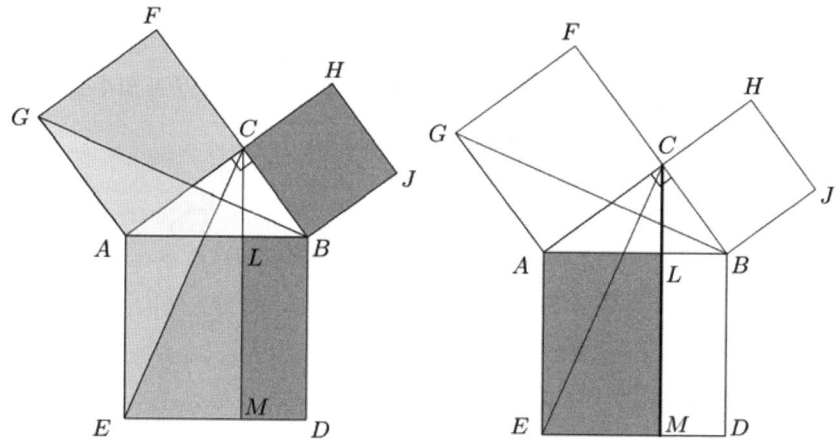

그림 1-6 3개의 정사각형을 이용한 피타고라스 정리 증명

그림 1-7 □AEML과 □BDML로 나누는 수선 CM

그림 1-7에서 □ABDE와 □ACFG, □BCHJ는 모두 정사각형이다. 점 C를 지나는 AB의 수선인 CM은 정사각형 ABDE를 □AEML과 □BDML으로 나눈다.

삼각형의 넓이는 '$\frac{1}{2}$×밑변×높이'이므로, △ABG 넓이는 정사각형 ACFG의 넓이의 절반이다. 마찬가지로 △AEC의 넓이는 □AEML 넓이의 절반이다.

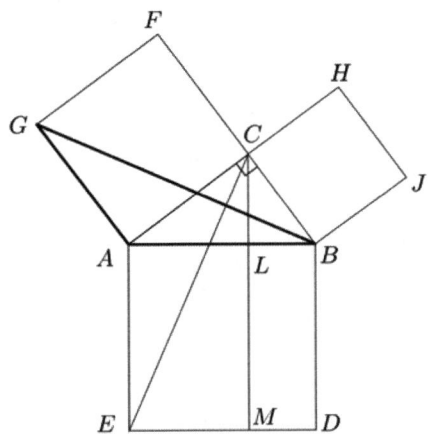

그림 1-8 정사각형 ACFG의 넓이의 $\frac{1}{2}$인 △ABG

△ABG를 A를 중심으로 시계 방향으로 90도 회전하면 △AEC를 얻으므로, SAS 합동 조건에 의해서 △ABG와 △AEC는 합동이다.

서로 합동인 삼각형의 넓이는 같으므로, △ABG와 △AEC의 넓이는 같다.

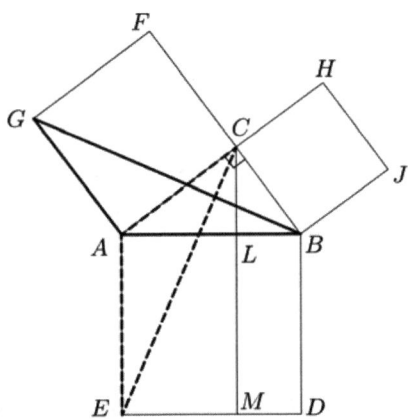

그림 1-9 합동인 두 삼각형 △ABG와 △AEC

따라서 □ACFG의 넓이는 □AEML의 넓이와 같다.

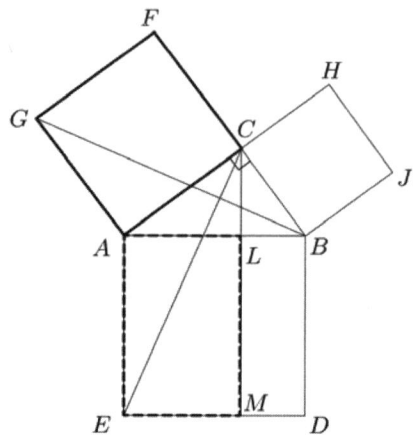

그림 1-10 넓이가 같은 □ACFG와 □AEML

마찬가지로, □BCHJ의 넓이는 □BDML의 넓이와 같다. 따라서, □ACFG 와 □BCHJ의 넓이의 합은 □ABDE의 넓이와 같다.

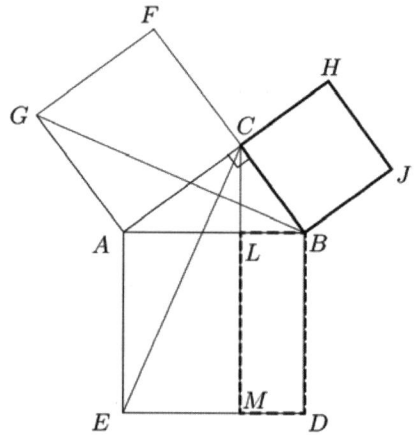

그림 1-11 넓이가 같은 □BCHJ와 □BDML

연습문제

1. [그림 1-6]에서 □BCHJ와 □BDML의 면적이 같음을 증명하시오.

2

알콰리즈미가
2차방정식의 해법을 정리하다

그림 2-1 2차방정식 근의 공식을 발견한 알콰리즈미

알콰리즈미(780?-850?; 프로그래밍 분야에서 문제 해결 절차나 방법을 지칭하는 알고리즘(algorithm)의 어원은 알콰리즈미의 이름에서 유래되었다.)가 2차방정식에 대해서 연구하고 완벽하게 해를 구하는 방법을 정리한 이유는 이것이다. 아마 그도 처음에는 2차방정식에 대해서 해를 구하는 것을 연구한다고 해서 당장 현실에 유용하게 쓰이는 일은 없다는 것을 알았을 것이다. 그리고 그는 연구를 하려다가도 '내가 지금 이 일 대신에 다른 쓸모 있고 유용한 일을 할 수 있는데 하고 싶다고 해서 현실에 아무 필요 없는 일을 하는데 시간을 쓸 수는 없어'라고 생각하고 이내 중단하곤 했다.

그런 행동이 몇 번이고 반복되었다. 그러는 동안 그는 현실의 이익을 쫓고 결혼하고 자식도 낳고 생활은 윤택해졌다. 그러나 그의 마음 한구석에는 언제나 2차방정식 대한 호기심은 사라지지 않았다. 점점 나이가 들면서 이 세상에 자신이 해야 할 것이 바로 이것임을 숙명적으로 느꼈고, 수행하듯 2차방정식을 연구하기 시작했다.

그리고 그는 수년 간의 연구 결과를 책으로 쓰게 되었다. 그가 무에서 유를 만들어낸 방법은 다음과 같다. 다른 사람들도 참고해서 꼭 수학이 아닌 자신의 분야에 적용해 보기 바란다.

먼저 자신이 원하는 것이 있으면 그것을 일기장이나 메모지에 적는다. 그리고 그 목표를 이루기 위한 방법을 가능하면 구체적으로 나누어서 적는다. 그리고 각각의 단계를 규칙적으로 이루려고 노력한다. 그렇게 꾸준히 노력하다 보면 신께서 우연으로 가장해서 해답이나 방법을 알려준다.

우선 1차방정식을 정리해보자.

$$5x + 10 = 20$$

라는 1차식이 있으면 우선 좌변에 상수를 제거하기 위해서 10을 각각의 좌변과 우변에 빼준다. 따라서

$$5x + 10 - 10 = 20 - 10$$

이 되므로,

$$5x = 10$$

으로 정리된다. 5와 곱해서 10이 되는 수는 2이다. 따라서 미지수 x의 값은 2이다. 이번에는

$$5x + 12 = 20$$

를 계산해보자. 앞의 것처럼 정리하면

$$5x = 8$$

이 된다. 이번에는 x는 정수가 되지 않는다. 따라서 x의 값은 $\frac{8}{5}$이 된다.

즉, 유리수가 된다. 1차방정식은 정리해보면 아래처럼 수식으로 x의 값은 사칙연산으로 충분히 구할 수 있다.

$$ax + b = c$$

$$x = \frac{c-b}{a}$$

1차방정식은 모든 경우에 대해서 해결할 수 있다.

그럼 이번에는 2차방정식에 도전해보자.

우선 $x^2 - 4 = 0$의 해를 구해보자. 좌변과 우변을 각각 정리하면 $x^2 = 4$가 된다. 도형으로 표현하면 x^2은 한 변이 x인 정사각형으로 생각하면 된다. 그럼 넓이가 4가 되는 정사각형의 한 변의 길이를 구하는 것이다.

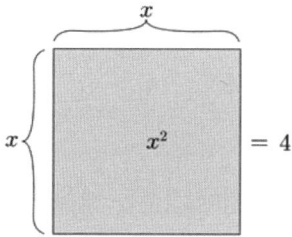

그림 2-2 넓이가 4이고 한 변의 길이가 x인 정사각형

그럼 제곱해서 4가 되는 수를 구하면 된다. 계산하면 2가 된다. 그런데 알콰리즈미는 몇 년 전 인도에서 온 사람에게 자기 나라에선 -2도 제곱하면 4가 된다는 말을 들었다. 그럼 제곱해서 4가 되는 수는 $+2$와 -2, 두 개가 있다.

이번에는 $x^2 - 6 = 0$의 해를 구해보자. 그림으로 표현하면

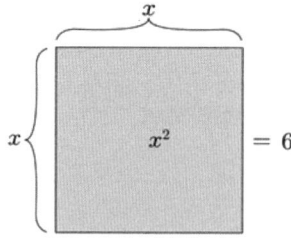

그림 2-3 넓이가 6이고 한 변의 길이가 x^2인 정사각형

한 변의 길이가 x인 넓이가 6인 정사각형이 된다.

그런데 제곱해서 6이 되는 수는 정수엔 없다. 따라서 이번에는 무리수인 $\sqrt{6}$과 $-\sqrt{6}$이 방정식의 두 근이 된다.

2차항만 있으면 정사각형의 넓이를 구함으로써 간단하게 근을 구할 수 있다. 그럼 이번에는 1차 항이 있는 경우를 계산해보자.

첫 번째 2차방정식

$$x^2 + 8x - 9 = 0$$

을 생각해보자.

우선 미지수항과 상수항을 좌우로 분리한다.

$$x^2 + 8x = 9$$

그리고 도형으로 표현하면 다음처럼 2개의 사각형 넓이를 더한 것이 9와 같게 된다.

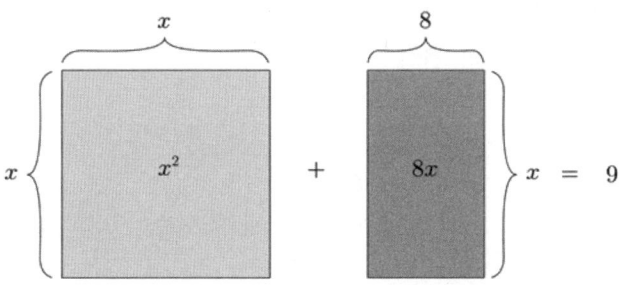

그림 2-4 2차항과 1차항으로 이루어진 사각형의 넓이

좌변의 두 사각형의 공통점은 세로의 변 길이가 x이다. 그럼 두 번째 사각형을 세로로 반으로 잘라서 그림 2-5처럼 위, 아래로 붙이면 정사각형을 만들 수 있다.

13

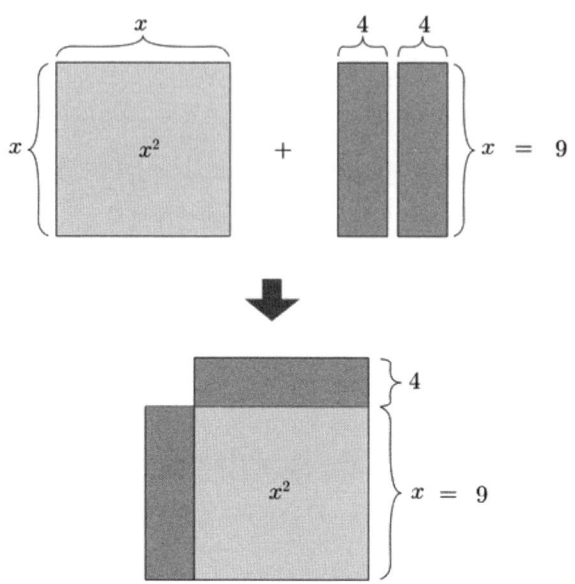

그림 2-5 2개의 사각형 넓이를 하나의 정사각형 넓이로 만들기

그럼 이번에는 한 변의 길이가 $x+4$인 정사각형의 면적이 9와 같게 된다. 그런데 완벽하게 정사각형은 아니다. 아래 그림처럼 굵은 테두리 부분은 다시 정사각형에서 빼야 한다.

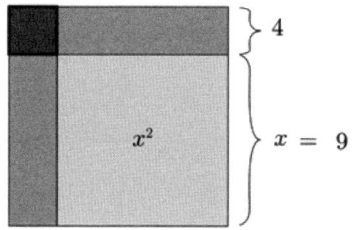

그림 2-6 정사각형 면적에서만큼 빼기

굵은 테두리로 표시한 정사각형의 넓이는 4의 제곱이므로 16이다. 따라서 식을 다시 쓰면

$$(x+4)^2 - 4^2 = 9$$

좌, 우변을 정리하면,

$$(x+4)^2 = 25$$

가 된다.

그럼 이번에도 좌변의 제곱에 대해서 우변의 값이 같게 된다. 처음의 $x^2 = A$꼴의 2차방정식의 형태이다. 정리하면,

$$x = -4 \pm 5$$

가 되므로, x의 값은 1과 -9이다.

이번에는 다른 종류의 2차방정식을 풀어 보자.

$$x^2 + 5x + 3 = 0$$

먼저 좌, 우변을 정리하면

$$x^2 + 5x = -3$$

이 된다. 도형으로 표현하면

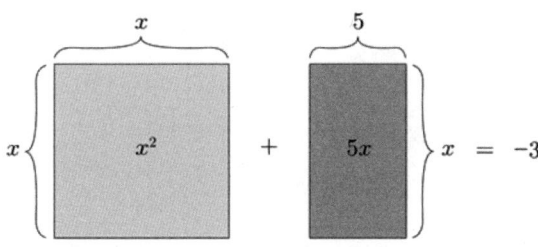

그림 2-7 2차방정식을 사각형의 넓이로 표현하기

다시 두 번째 사각형을 세로로 반으로 잘라서 첫 번째 사각형의 좌, 우에 붙인다.

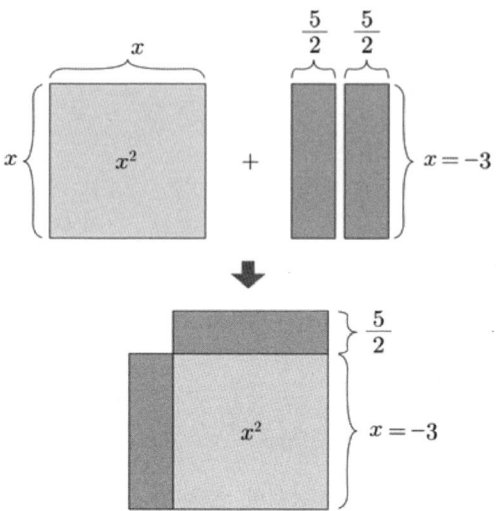

그림 2-8 2차방정식을 한 개의 정사각형의 넓이로 만들기

그림 또다시 $\left(x+\dfrac{5}{2}\right)^2$의 넓이를 갖는 정사각형에서 $\left(\dfrac{5}{2}\right)^2$만큼 빼준 넓이가 -3과 같게 된다.

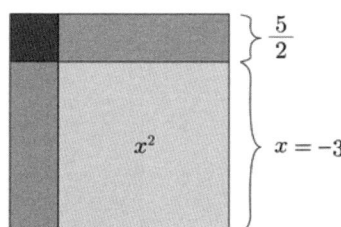

그림 2-9 정사각형의 넓이에서 $\left(\dfrac{5}{2}\right)^2$을 빼기

따라서 다음과 같이 방정식을 수식화할 수 있다.

$$\left(x+\frac{5}{2}\right)^2-\left(\frac{5}{2}\right)^2=-3$$

$$\left(x+\frac{5}{2}\right)^2 = \frac{25-12}{4} = \frac{13}{4}$$

$$x+\frac{5}{2} = \pm\frac{\sqrt{13}}{2}$$

정리하면,

$$x = \frac{-5\pm\sqrt{13}}{2}$$

이 된다. 정리해보면 2차방정식에서 1차 항이 추가되어도 $x^2 = A$ 꼴로 변환해서 계산하면 2차방정식을 풀 수 있다. 즉, 2차방정식은 먼저 미지수가 있는 좌변을 x^2 꼴로 만든 후, 제곱근을 구하는 것이다. 그럼 이 방법으로 모든 2차방정식의 근을 구할 수 있는 근의 공식을 구할 수 있다.

일반적인 2차방정식 $ax^2 + bx + c = 0$을 생각해보자. 먼저 쉽게 계산하기 위해서 a로 양변을 나누자. 그럼 아래와 같이 된다.

$$x^2 + \frac{b}{a}x + \frac{c}{a} = 0$$

그리고 좌, 우변을 각각 미지수와 상수로 정리한다.

$$x^2 + \frac{b}{a}x = -\frac{c}{a}$$

도형으로 표현하면 아래와 같다.

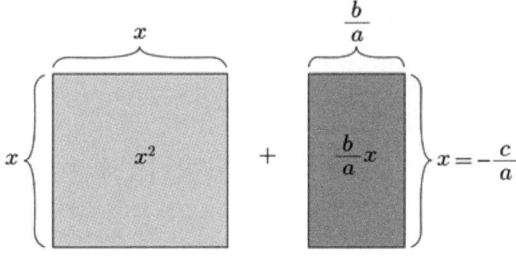

그림 2-10 일반적인 2차방정식을 사각형 넓이로 표시하기

두 번째 사각형을 세로로 반씩 잘라서 첫 번째 정사각형 위, 아래에 붙인다.

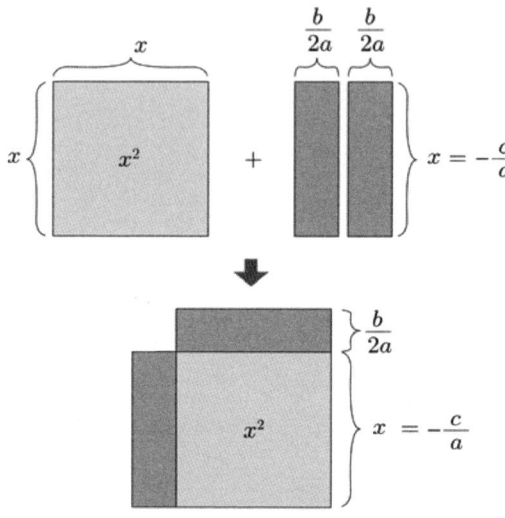

그림 2-11 일반적인 2차방정식을 하나의 정사각형 넓이로 만들기

그림 왼쪽의 미지수는 $\left(x + \dfrac{b}{2a}\right)^2$ 으로 표현된다. 다시 굵은 테두리 부분의 넓이 $\left(\dfrac{b}{2a}\right)^2$ 를 원래 넓이에서 뺀다.

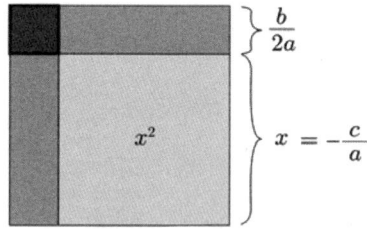

그림 2-12 정사각형의 넓이에서 $\left(\dfrac{b}{2a}\right)^2$ 빼기

정리하면

18

$$\left(x+\frac{b}{2a}\right)^2 - \left(\frac{b}{2a}\right)^2 = -\frac{c}{a}$$

가 된다. 다시 x에 대해서 정리하면

$$\left(x+\frac{b}{2a}\right)^2 = \left(\frac{b}{2a}\right)^2 - \frac{c}{a} = \frac{b^2-4ac}{4a^2}$$

$$x+\frac{b}{2a} = \pm\frac{\sqrt{b^2-4ac}}{2a}$$

$$x = \frac{-b\pm\sqrt{b^2-4ac}}{2a}$$

앞에서 실습한 $x^2+5x+3=0$의 근을 근의 공식으로 구해보자.

$$x = \frac{-5\pm\sqrt{5^2-4\times1\times3}}{2\times1} = \frac{-5\pm\sqrt{25-12}}{2} = \frac{-5\pm\sqrt{13}}{2}$$

불편하게 구할 필요 없이 바로 근의 공식으로 구할 수 있다.
그런데 다음의 2차방정식은 근이 없다.

$$x^2+5x+7=0$$

근의 공식을 이용하면,

$$x = \frac{-5\pm\sqrt{5^2-4\times1\times7}}{2\times1}$$

$$= \frac{-5\pm\sqrt{25-28}}{4} = \frac{-5\pm\sqrt{-3}}{4}$$

이 2차방정식의 경우는 근호 안의 수가 마이너스가 되어서 식이 성립하지 않는다. 그러니깐 2차방정식이라도 모두 근을 가지는 것이 아니다.
b^2-4ac의 값이 양수이거나 0이어야 근을 가진다. 어쨌든 2차방정식에 대해서 어떤 경우에 근을 가지는가도 해결되었다.
그런데 3차방정식과 4차방정식도 근의 공식이 있을까? $x^3 = A$라는 꼴의 3차방정식을 생각하자. 2차방정식은 평면의 사각형을 넓이를 이용해서 구할 수 있었다.

그럼 3차방정식은 평면의 넓이에 대해서 또다시 미지수가 하나 곱해져 있으니 직각 기둥과 같은 부피를 이용해서 풀면 될 것이다. 그러나 그것은 생각과 달리 쉽게 해결되지 않았다. 아, 2차방정식까지가 신이 알콰리즈미에게 주신 사명이구나!

세상일은 뜻대로 되지 않는다. 심각하게 생각한다고 해서 다 되는 것이 아니다. 신이 그에게 웃어주어야 이루는 것이다. 신은 알콰리즈미에게 2차방정식까지만 웃어 주었다.

3차방정식은 또다시 누군가에 의해서 증명이 될 것이다. 그의 인생도 남들과는 다르겠지. 아쉽게도 그의 생을 마감하는 날이 점점 더 다가오고 있다.

알콰리즈미도 이제 늙어서 죽을 날만 기다리는데 3차방정식의 근의 공식도 구하고 싶었다. 무슨 방법이 없을까? 그에겐 좀 더 시간이 필요했다. '그래, 신에게 내가 3차방정식의 근의 공식을 구할 수 있도록 미래에 다시 태어나게 해달라고 간청해야겠다.'

이제까지 그가 필요하거나 방법이 생각나지 않았을 때, 신에게 그의 희망을 갈구하면 신기하게도 며칠 후에는 방법이나 해법이 생각나는 것이었다. 죽기 전에 얼른 신전에 가서 신에게 그가 다시 태어나서 3차방정식의 근의 공식을 구할 수 있도록 기도해야지 하고 생각했다. 물론 그 대가로 가난하고 불행한 삶을 살겠지만, 그는 인류 최초로 3차방정식의 근의 공식을 발견할 수 있는 권리를 얻는 것이다.

연습문제

1. 다음의 2차방정식의 근의 유무를 알아보시오.(실근, 중근, 허근 중 하나)

    (1) $3x^2 + 6x + 2 = 0$

    (2) $x^2 - 7x + 14 = 0$

    (3) $x^2 + 10x + 100 = 0$

2. 근의 공식을 사용하지 않고 사각형의 넓이를 이용해서 다음 2차방정식들의 근을 구하시오.

    (1) $x^2 + 7x - 1 = 0$

    (2) $18x^2 - 9x + 1 = 0$

    (3) $4x^2 - 28x + 49 = 0$

3. 근의 공식을 이용해서 다음 2차방정식들의 근을 구하시오.

    (1) $3x^2 + 12x - 1 = 0$

    (2) $x^2 - 9x + 1 = 0$

    (3) $4x^2 - 2x + 5 = 0$

3

타르탈리아가 3차방정식의 해법을 발견하다

그림 3-1 니콜로 타르탈리아 초상화

타르탈리아(Niccolio Fontana Tartaglia, 1500-1557)는 어릴 때부터 말을 더듬는 장애로 인해서 주위 사람들에게 필요 없는 놈이라는 소리를 들으면서 자랐다.(Tartaglia는 이탈리아어로 말더듬이라는 의미이다.) 그런 소리를 듣고 와서 울 때마다 어머니는 "아들아, 너는 세상에서 가장 소중한 존재이다"라고 위로해 주었다. 그리고 어머니는 그가 다른 사람들이 못하는 것을 할 수 있는 능력을 가지고 있으니 어떤 일을 하더라도 항상 그것을 이루었을 때를 상상하면서 모든 일을 하라고 하였다. 그때부터 그는 성공했을 때를 상상하면서 일하고 공부했다. 그러면 마치 신이 그의 노력에 대해서 선물을 주듯이 그 일이 이루어졌다. 타르탈리아가 남들보다 빌려준 돈에 대해서 이자 계산을 효율적으로 하는 방법도 그런 식으로 얻은 것이다. 어머니는 참으로 타르탈리아에게 소중한 존재이었다. 타르탈리아에게 어머니가 없었으면 그는 다른 사람들의 질책과 꾸지람을 들으면서 점차 그들이 원하는 대로 스스로 하찮은 존재라고 생각하면서 별 볼일 없는 인생을 살았을 것이다. 사람에겐 누구에게나 자기를 둘러싼 환경이 중요하다. 다행히도 타르탈리아에겐 어머니가 곁에 있었다. 그러나 5년 전에 어머니가 돌아가시고 타르탈리아는 이제 세상에 그만 홀로 살아가야 했다. 다른 일을 하려고 해도 그의 생긴 모습과 말더듬는 것을 보면서 고개를 흔들거나, 일을 시키더라도 온갖 수모와 고통을 주었다. 그리고 이내 며칠 후 도저히 참지 못해서 일을 그만두게 되었다. 사람들은 모두 그가 참을성이 없다느니 하면서 모든 책임을 타르탈리아에게 돌렸다. 그런 경험을 몇 번 하니 이젠 다른 곳에 가봐야 똑같은 결과가 될 것이라는 생각이 들어, 타르탈리아는 남들 아래에서 일하면서 돈을 버는 것은 이제 그만하고 스스로 돈을 버는 방법을 터득해야겠다는 생각을 했다. 그즈음 사채 이자 계산을 잘하니 사람들과 어느 정도 친분이 있었다. 어느날 그들에게서 타르탈리아는 이탈리아어로 번역된 알콰리즈미의 2차방정식 책을 손에 넣게 되었다. 지금 다른 사람들도 2차방정식의 근의 공식을 알고 나서 3차방정식의 근의 공식을 찾으려고 하고 있었다. '그렇다! 이것이 나의 길이다.'라고 타르탈리아는 탄성을 질렀다. 타르탈리아가 3차방정식의 근의 공식만 찾으면 방정식 겨루기 대회에 나가서 상금도 타고, 또 대학교수도 될 수 있다. 다른 사람들과 함께 일할 필요도 없고, 자신만 잘하면 되는 것이다.

따라서 3차방정식의 근의 공식을 찾는 길 이외에는 타르탈리아는 이 지옥 같은 현실에서 다른 방법은 없었다. 그리고 매일 칠흑 같은 어둠 속에서 100일이든, 1000일이든 방정식 해법을 찾는데 온 힘을 기울였다. 어머니 말씀처럼 그가 3차방정식의 해법을 찾은 후에 모든 사람들에게 찬사를 받으면서 대학에서 강의를 하는 모습의 달콤한 상상을 위로 삼았다.

타르탈리아는 매일마다 다른 사람들이 생각한 방법을 따라서 3차방정식을 풀어 보았다. 그러나 그 방법들은 모두 허사가 되었다.

오늘도 다른 날처럼 하루 종일 방정식의 해법을 찾기 위해서 펜으로 종이에 온갖 수식들을 적고 나서, 결국은 어제와 같은 동일한 결과로 되돌아오는 것을 보고서 한숨을 내쉬었고, 몸도 몹시 피곤해 잠깐 난로의 불빛을 바라보면서 멍하게 있는데, 갑자기 어떤 생각이 번쩍 떠올랐다. 보이지 않는 어떤 존재가 타르탈리아에게 메시지를 준 것일까? 다시 펜으로 갑자기 생각난 수식으로 전개를 해보니 이번에는 이전의 결과로 귀결되지 않는다. 이번에는 뭔가 다를 것 같다는 느낌이 든다. 순간 타르탈리아는 '드디어 3차방정식의 해법을 찾았구나!' 하는 생각이 들었다. 그리고 느껴지는 환희, 이제까지 겪었던 수많은 경험, 욕하면서 놀리던 어린 친구들, 일을 못 한다고 다그치던 작업 반장, '네가 할 줄 아는 게 뭐야'라고 욕하는 상인들, 이 모든 것이 머릿속에서 떠오르면서 지나간다.

그리고 다시 정신을 집중해서 새로운 방법으로 수식을 전개해 보았다. 3차방정식의 근들이 정확히 구해졌다. 이번에는 다른 종류의 방정식에 적용해 보았다. 이번에도 마법처럼 쉽게 근들이 구해졌다. 믿을 수가 없었다. 타르탈리아는 지금 꿈을 꾸고 있는 것이 아닌가 해서 다시 밖으로 나와서 산책을 하고 온 후, 정신을 차리고 새로운 방법으로 풀어 보았다. 이것은 현실이다!

그렇구나! 타르탈리아가 드디어 3차방정식의 해법을 찾았다. 생각해보면 이전에 실패한 방법은 가능하면 식을 간단하게 만들려고 했는데, 새로운 방법은 반대로 초기 식을 복잡하게 만들고 있다. 그러나 계속 전개를 하면 일정한 형식으로 정리가 된다.

아, 참 신기하다. 이것은 '내가 가진 것이 없으니 어차피 이렇게 해서 실패해도 나는 손해 볼 것 없다'라는 생각으로 도전한 것이 통한 것이다. 타르탈리아가 유명한 교수이거나 재산이 많은 학자라면 상식적이지 않은 험한 길을 가겠는가? 목마른 사람이 먼저 우물을 파게 된다.

타르탈리아의 3차방정식 해법은 일반인이 생각해서 풀기에는 상식적으로 생각하는 것과 너무 달라서 풀기가 너무 어렵다. 뒤에서 설명하겠지만 먼저 3차방정식에서 2차항을 제거한 후, 다시 $X = u + v$를 각각의 미지수에 대입해서 세제곱의 형태를 하는 두 근에 대한 2차방정식으로 만들어서 푸는 방법은 도저히 인간으로서는 생각해낼 수 없다.

자, 이제 타르탈리아가 발견한 3차방정식의 해법에 대해서 그 아이디어를 보여주겠다.

타르탈리아는 알콰리즈미의 책에서 2차방정식의 해법을 읽었다. 그 책에는 2차방정식의 두 근과 계수와의 관계가 나타나 있다. 내용은 다음과 같다.

어떤 2차방정식의 두 근을 2와 3이라고 하면 2차방정식은 다음처럼 쓸 수 있다.

$$(x-2)(x-3)=0$$

전개하면

$$x^2 - 5x + 6 = 0$$

이 된다.

두 근과 2차방정식의 계수들 사이에 규칙이 나타난다. 즉, 1차항 계수 5는 두 근 2와 3의 합과 같고, 6은 두 근 2와 3의 곱과 같다. 따라서 2차방정식 $x^2 + bx + c = 0$의 두 근 α, β는 다음과 같은 관계가 성립한다.

$$(x-\alpha)(x-\beta)=0$$

전개하면,

$$x^2 - (\alpha+\beta)x + \alpha\beta = 0$$

이 된다. 따라서

$$\alpha + \beta = -b$$
$$\alpha\beta = c$$

이 성립한다. 그럼, 3차방정식은 근이 3개이니 다음처럼 쓸 수 있다.

$$(x-\alpha)(x-\beta)(x-\gamma)=0$$

전개하면,

$$(x-\alpha)(x-\beta)(x-\gamma)$$
$$= x^3 - (\alpha+\beta+\gamma)x^2 + (\alpha\beta+\beta\gamma+\gamma\alpha)x - \alpha\beta\gamma = 0$$

이것으로 3차방정식 $x^3 + bx^2 + cx + d = 0$은 다음과 같이 계수와 근과의 관계가 성립한다.(x^3의 계수는 양변을 계수로 나누면 1로 만들 수 있다.)

$$\alpha + \beta + \gamma = -b$$
$$\alpha\beta + \beta\gamma + \gamma\alpha = c$$
$$\alpha\beta\gamma = -d$$

먼저 가장 간단한 형태의 3차방정식인 $x^3 - 1 = 0$을 생각해보자. $x^3 - 1 = 0$은 아래와 같이 인수분해된다.

$$(x-1)(x^2 + x + 1) = 0$$

따라서 3개의 근은 1, $\dfrac{-1+\sqrt{-3}}{2}$, $\dfrac{-1-\sqrt{-3}}{2}$이 된다. 그런데 $+\sqrt{-3}$과 $-\sqrt{-3}$은 근호 안에 음수가 나타나고 있지 않은가? 그러나 알콰리즈미가 발견한 근과 계수 관계에선 $+\sqrt{-3}$과 $-\sqrt{-3}$은 서로 더하면 0이 되므로, 1, $\dfrac{-1+\sqrt{-3}}{2}$, $\dfrac{-1-\sqrt{-3}}{2}$의 3개의 근으로 만들어진 계수는, $x^3 - 1 = 0$의 계수와 일치하게 된다. 그런데 근과 계수의 관계도 만족시키고 계산하는 데도 편리하니, 일단 $+\sqrt{-3}$과 $-\sqrt{-3}$와 같은 수를 인정하고 진행하자. 타르탈리아는 '어차피 혼자 하는 것이니 실패해도 손해볼 것 없지 않는가?'라고 생각했다. 그럼

$$x^3 + bx^2 + cx + d = 0 \quad \cdots \quad (1)$$

와 같은 복잡한 3차방정식을 $x^3 - 1 = 0$의 형태로 일단 만들어보자. 아니 $(x+1)^3 = 1$을 전개해보자. 전개하면,

$$(x+1)^3 = 1$$
$$(x+1)(x^2 + 2x + 1) = x^3 + 3x^2 + 3x + 1 = 1$$

이므로 상수를 이항하면

$$x^3 + 3x^2 + 3x = 0$$

이 된다. 일반적인 3차방정식의 형태가 아니다.

그럼 $(x+1)^3 = 0$을 전개하면

$$x^3 + 3x^2 + 3x + 1 = 0$$

은 식 (1)과 같은 3차방정식의 형태가 된다. 그럼 이번에는 $(x+k)^3 = -p$를 전개해보자.

$$(x+k)^3 = -p$$
$$x^3 + 3kx^2 + 3kx + k^3 = -p$$
$$x^3 + 3kx^2 + 3kx + k^3 + p = 0$$

다시 차수가 같은 미지수끼리 모으면

$$x^3 + k^3 + p + 3kx(x+1) = 0 \cdots (2)$$

형태가 된다. 오랫동안 생각한 결과, 이 방정식이 성립하기 위해선 2개의 식이 동시에 동일한 근을 가져야 한다.

첫 번째는 $x^3 + k^3 + p = 0$과 다음은 $3kx(x+1) = 0$이다. x의 값이 0과 -1은 명확하므로 배제하면, 두 번째 식은 $3kx$를 상수로 고정시킨다.

그럼 다음과 같은 식이 나온다.

$$3kx = l$$

그리고 첫 번째 식은 $x^3 + k^3 = -p$가 된다. 정리하면,

$$x^3 + k^3 = -p \cdots (3)$$
$$3kx = l \cdots (4)$$

다시 식 (4)는

$$k^3 x^3 = \left(\frac{l}{3}\right)^3$$

이 된다.

그럼 x^3과 k^3을 근으로 하는 2차방정식이 된다.

27

$$t^2 + pt + \left(\frac{l}{3}\right)^3 t = 0$$

따라서 3차방정식은 우선 어떤 식으로든 (2)식의 형태로 만드는 것이 중요하다. 그리고 여러 방법으로 시도한 끝에 그 형태로 만드는 것에 성공했다.

일반적인 3차방정식 $x^3 + bx^2 + cx + d = 0$을 자세히 보면 일단 x^3과 x 항만 존재하도록 만드는 것이 중요하다. 먼저 $x^3 + cx + d = 0$ 형태의 3차방정식부터 해결하자. 왜냐하면 $x^3 + bx^2 + cx + d = 0$ 형태의 3차방정식은 쉽게 $x^3 + cx + d = 0$로 변환할 수 있다.

$x = X - \frac{b}{3}$을 원래 3차방정식 $x^3 + bx^2 + cx + d = 0$에 대입해서 정리하면,

$$\left(X - \frac{b}{3}\right)^3 + b\left(X - \frac{b}{3}\right)^2 + c\left(X - \frac{b}{3}\right) + d = 0$$

이 식을 전개해서 X^2항을 계산하면

$$-3 \cdot \frac{b}{3} X^2 + bX^2 = 0$$

이 된다. 이렇게 변수 변환을 함으로써 2차항을 제거할 수 있으므로 처음부터 2차항이 없는 형태에서 생각하면 3차 방정식의 세 근의 합을 0으로 만들 수 있게 된다.

그럼 $x^3 + px + q = 0$의 3차방정식을 생각하자. 2차항이 없는 3차방정식은 근과 계수의 관계에서

$$\alpha + \beta + \gamma = 0 \; \cdots \; (5)$$

이 성립한다. 먼저 나는 어떻게든 식 (2)의 형태를 만들어야 한다. 먼저 해본 방법이 식 (5)에서 $\alpha = -(\beta + \gamma)$이므로 $x^3 + px + q = 0$에 x 대신에 α를 대입해 보았다.

$$(-(\beta + \gamma))^3 - p(\beta + \gamma) + q = 0$$

양변에 $-$를 곱해서 정리하면

$$(\beta+\gamma)^3 + p(\beta+\gamma) - q = 0$$
$$\beta^3 + \gamma^3 + 3\beta^2\gamma + 3\beta\gamma^2 + p(\beta+\gamma) - q = 0$$
$$\beta^3 + \gamma^3 - q + (3\beta\gamma + p)(\beta+\gamma) = 0 \cdots (6)$$

식 (6)이 앞의 식 (2)와 비슷한 형태이다. 그런데 q의 부호가 다르다. 일단은 식의 형태를 일치시키는 것이 중요하다. 따라서 q의 부호를 같게 하기 위해서 $\alpha = \beta + \gamma$로 바꿔보면 다음처럼 식 (2)와 완전히 일치하는 형태가 나온다.

$$\beta^3 + \gamma^3 + q + (3\beta\gamma + p)(\beta+\gamma) = 0$$

식 (6)의 해는

$$\beta^3 + \gamma^3 = -q \cdots (7)$$
$$\beta^3\gamma^3 = \left(-\frac{p}{3}\right)^3 \cdots (8)$$

2개의 식에서 β^3과 γ^3을 근으로 하는 2차방정식을 만들 수 있다. 그럼 이 2차방정식을 풀면 β^3과 γ^3의 근을 구한 후, β와 γ를 구할 수 있다. 그런 후 다시 $\alpha = -(\beta+\gamma)$를 이용해서 α를 구하면 된다. 먼저 공식을 만들어보자.

β^3과 γ^3을 근으로 하는 2차방정식을 만들면

$$t^2 + qt - \frac{p^3}{27} = 0$$

근의 공식을 이용해서 t를 구하면

$$t = \frac{-q \pm \sqrt{q^2 - 4 \times 1 \times \left(-\frac{p^3}{27}\right)}}{2}$$

정리하면,

$$t = -\frac{q}{2} \pm \sqrt{\frac{q^2}{4} + \frac{p^3}{27}}$$

곧,

$$\beta^3 = -\frac{q}{2} + \sqrt{\frac{q^2}{4} + \frac{p^3}{27}}, \quad \gamma^3 = -\frac{q}{2} - \sqrt{\frac{q^2}{4} + \frac{p^3}{27}} \quad \cdots (10)$$

가 된다.

$$\beta^3 = -\frac{q}{2} + \sqrt{\frac{q^2}{4} + \frac{p^3}{27}} \quad \cdots (11)$$

의 형태는 $x^3 = 1$ 형태와 비슷하다.

단지 1 대신 다른 상수가 우측에 있다. 그럼 먼저 $x^3 - a = 0$ 형태의 방정식의 근을 구하면 되겠다. 먼저 a를 좌측으로 넘겨서 인수분해해보자.

$$x^3 - a = 0 \text{은 } x^3 - \sqrt[3]{a^3} = 0$$

으로 쓸 수 있으므로

$$(x - \sqrt[3]{a})(x^2 + \sqrt[3]{a}\,x + \sqrt[3]{a^2}) = 0$$

으로 인수분해할 수 있다.

그럼 3개의 근은

$$x_1 = \sqrt[3]{a}, \quad x_2 = \frac{-\sqrt[3]{a} + \sqrt{\sqrt[3]{a^2} - 4\sqrt[3]{a^2}}}{2},$$

$$x_3 = \frac{-\sqrt[3]{a} - \sqrt{\sqrt[3]{a^2} - 4\sqrt[3]{a^2}}}{2}$$

두 번째와 세 번째 근은 다시

$$x_{2,3} = \sqrt[3]{a}\left(\frac{-1 \pm \sqrt{1-4}}{2}\right) = \sqrt[3]{a}\left(\frac{-1 \pm \sqrt{-3}}{2}\right)$$

이 된다.

두 번째와 세 번째 근은 $x^3 - 1 = 0$의 근에 대해서 $\sqrt[3]{a}$를 곱한 것이 된다. 이제부터 $\frac{-1 + \sqrt{-3}}{2}$을 ω(오메가)라고 하면, $\frac{-1 - \sqrt{-3}}{2}$는 ω^2이라고

쓸 수 있다. 따라서 $x^3 - a = 0$의 세 근은

$$x_1 = \sqrt[3]{a}, \ x_2 = \sqrt[3]{a}\,\omega, \ x_3 = \sqrt[3]{a}\,\omega^2$$

가 된다.

그럼 다시 일반적인 3차방정식으로 와서, β의 근은

$$\beta^3 = -\frac{q}{2} + \sqrt{\frac{q^2}{4} + \frac{p^3}{27}}$$ 에서

$$\beta_1 = \sqrt[3]{-\frac{q}{2} + \sqrt{\frac{q^2}{4} + \frac{p^3}{27}}}, \ \beta_2 = \sqrt[3]{-\frac{q}{2} + \sqrt{\frac{q^2}{4} + \frac{p^3}{27}}}\,\omega,$$

$$\beta_3 = \sqrt[3]{-\frac{q}{2} + \sqrt{\frac{q^2}{4} + \frac{p^3}{27}}}\,\omega^2$$

3개의 근이 만들어진다. 그럼 γ의 세 근은

$$\gamma^3 = -\frac{q}{2} - \sqrt{\frac{q^2}{4} + \frac{p^3}{27}}$$ 에서

$$\gamma_1 = \sqrt[3]{-\frac{q}{2} - \sqrt{\frac{q^2}{4} + \frac{p^3}{27}}},$$

$$\gamma_2 = \sqrt[3]{-\frac{q}{2} - \sqrt{\frac{q^2}{4} + \frac{p^3}{27}}}\,\omega,$$

$$\gamma_3 = \sqrt[3]{-\frac{q}{2} - \sqrt{\frac{q^2}{4} + \frac{p^3}{27}}}\,\omega^2$$

이 된다. 이제 β와 γ의 다음 식을 이용해서 α를 구해야 한다.

$$\beta^3 \gamma^3 = \left(-\frac{p}{3}\right)^3$$

즉, $\beta\gamma = -\dfrac{p}{3}$을 이용한다. 우선

$$D = \sqrt[3]{-\frac{q}{2} + \sqrt{\frac{q^2}{4} + \frac{p^3}{27}}}, \ \overline{D} = \sqrt[3]{-\frac{q}{2} - \sqrt{\frac{q^2}{4} + \frac{p^3}{27}}}$$

라고 하면 [표 3-1]에서 조건을 만족하는 근들의 조합은 $\beta_1\gamma_1, \ \beta_2\gamma_3, \ \beta_3\gamma_2$이다.

표 3-1 $\beta\gamma$의 결과값

γ \ β	$\beta_1 = D$	$\beta_2 = D\omega$	$\beta_3 = D\omega^2$
$\gamma_1 = \overline{D}$	$-\dfrac{p}{3}$		
$\gamma_2 = \overline{D}\omega$			$-\dfrac{p}{3}$
$\gamma_3 = \overline{D}\omega^2$		$-\dfrac{p}{3}$	

그럼 α는 식 (5)의 $\alpha = -(\beta + \gamma)$를 이용하면 된다. 따라서

$$\alpha_1 = -(\beta_1 + \gamma_1) = -(D + \overline{D}) \cdots (12)$$
$$\alpha_2 = -(\beta_2 + \gamma_3) = -(D\omega + \overline{D}\omega^2) \cdots (13)$$
$$\alpha_3 = -(\beta_3 + \gamma_2) = -(D\omega^2 + \overline{D}\omega) \cdots (14)$$

가 된다.

그럼 구체적인 3차방정식을 이용해서 3개의 근을 구해보자.

먼저 3차방정식 $x^3 + 3x + 2 = 0$이다.

$x^3 + px + q = 0$의 형식에 의해서 $p = 3$, $q = 2$가 된다.

D와 $\overline{D}$를 계산하자.

$$D = \sqrt[3]{-\dfrac{q}{2} + \sqrt{\dfrac{q^2}{4} + \dfrac{p^3}{27}}} = \sqrt[3]{-\dfrac{2}{2} + \sqrt{\dfrac{2^2}{4} + \dfrac{3^3}{27}}}$$
$$= \sqrt[3]{-1 + \sqrt{1+1}} = \sqrt[3]{-1 + \sqrt{2}}$$

$$\overline{D} = \sqrt[3]{-\dfrac{q}{2} - \sqrt{\dfrac{q^2}{4} + \dfrac{p^3}{27}}} = \sqrt[3]{-\dfrac{2}{2} - \sqrt{\dfrac{2^2}{4} + \dfrac{3^3}{27}}}$$
$$= \sqrt[3]{-1 - \sqrt{1+1}} = \sqrt[3]{-1 - \sqrt{2}}$$

가 된다.

먼저 α_1을 구하면,

$$\alpha_1 = -(D + \overline{D}) = -\left(\sqrt[3]{-1 + \sqrt{2}} + \sqrt[3]{-1 - \sqrt{2}}\right)$$

이다. 그럼 원래 방정식에 대입해서 근이 되는지 대입해서 계산해보자.

$x^3 + 3x + 2 = 0$에 α_1을 대입해서 정리하면,

$$\alpha_1^3 + 3\alpha_1 + 2 = -(D+\overline{D})^3 - 3(D+\overline{D}) + 2$$

전개해서 정리하면,

$$-(D^3+(\overline{D})^3) - 3D\overline{D}(D+\overline{D}) + 3(D+\overline{D}) + 2$$
$$= -(D^3+(\overline{D})^3) - 3(D\overline{D}+1)(D+\overline{D}) + 2 = 0 \cdots (15)$$

식 (15)가 0이 되기 위해선 먼저 $D^3+(\overline{D})^3$가 2가 되어야 한다. 두 번째로 $D+\overline{D}$는 0이 될 수 없으므로, $D\overline{D}$는 반드시 -1이 되어야 한다. 계산하면,

$$D^3+(\overline{D})^3 = (\sqrt[3]{-1+\sqrt{2}})^3 + (\sqrt[3]{-1-\sqrt{2}})^3 = -2$$
$$D\overline{D} = (\sqrt[3]{-1+\sqrt{2}})(\sqrt[3]{-1-\sqrt{2}}) = \sqrt[3]{-1} = -1$$

예상과는 다르게 $D^3+(\overline{D})^3$은 다른 값이 나온다. 그런데 절댓값은 같은데 부호만 다르다. 이유가 뭘까? $D^3+(\overline{D})^3$와 $D\overline{D}$의 값은 -2와 -1로 고정되어 있다.

그럼 식 (15)가 어떻게 하면 0이 될 수 있을까?

$$(D^3+(\overline{D})^3) + 3(D\overline{D}+1)(D+\overline{D}) + 2 = 0 \cdots (16)$$

식 (16)처럼 나오면 좌측이 0이 된다. $x^3 + px + q = 0$에서 식 (2)를 이끌어내기 위해서 삼차방정식의 근과 계수의 관계인 $\alpha = -(\beta+\gamma)$에 집착했는데, **앞에서 q의 부호를 일치시키기 위해서 $\alpha = \beta+\gamma$로 수정해서 대입했지 않는가!** 그럼 α_1이 다음처럼 바뀌어야 한다.

$$\alpha_1 = D + \overline{D}$$

그럼 식 (16)이 0이 된다. 즉,

$$\alpha_1 = D + \overline{D} = \sqrt[3]{-1+\sqrt{2}} + \sqrt[3]{-1-\sqrt{2}}$$

이 $x^3 + 3x + 2 = 0$의 첫 번째 근이다.

그럼 두 번째와 세 번째 근은 $Dw + \overline{D}w^2$와 $Dw^2 + \overline{D}w$일 것이다. 차례대로 계산해보자.

$Dw + \overline{D}w^2$을 방정식에 대입해서 정리한다.

$$x^3 + 3x + 2 = (Dw + \overline{D}w^2)^3 + 3(Dw + \overline{D}w^2) + 2$$
$$= D^3w^3 + (\overline{D})^3 w^6 + 3(Dw)^2 \cdot \overline{D}w^2 + 3Dw \cdot$$
$$(\overline{D}w^2)^2 + 3(Dw + \overline{D}w^2) + 2$$

$x^3 - 1 = 0$에서 $w^3 - 1 = 0$이므로 w^3은 1이 된다. 다시 정리하면

$$D^3 + (\overline{D})^3 + 3D^2\overline{D}w + 3D(\overline{D})^2w^2 + 3(Dw + \overline{D}w^2) + 2$$
$$= D^3 + (\overline{D})^3 + 3w(D\overline{D} + 1)(D + \overline{D}w) + 2 = 0$$

가 된다. 그럼 식 (16)과 마찬가지로 $D^3 + (\overline{D})^3$와 $D\overline{D}$의 값이 -2와 -1이므로 근이 된다. 세 번째 식 $Dw^2 + \overline{D}w$도 동일한 결과를 얻는다. 따라서 3차방정식의 3개의 근을 얻는 식은

$$\alpha_1 = \beta_1 + \gamma_1 = D + \overline{D} \cdots (17)$$
$$\alpha_2 = \beta_2 + \gamma_3 = Dw + \overline{D}w^2 \cdots (18)$$
$$\alpha_3 = \beta_3 + \gamma_2 = Dw^2 + \overline{D}w \cdots (19)$$

가 된다.

다시 한번 정리해보면 $x^3 + px + q = 0$ (p와 q는 유리수)에서 x의 계수에 대해서 먼저

$$u^3 + v^3 = -q$$
$$u^3v^3 = \left(-\frac{p}{3}\right)^3$$

두 식을 이용해서 2차방정식

$$t^2 + qt - \frac{p^3}{27} = 0$$

를 풀어서 u^3과 v^3을 먼저 구한다. 그리고 각각의 u와 v의 세제곱근을 구한 후,

$$\alpha = v + u \cdots (20)$$
$$\beta = v\omega + u\omega^2 \cdots (21)$$
$$\gamma = v\omega^2 + u\omega \cdots (22)$$

식 (20), (21), (22)은 2차방정식을 이용해서 세 근을 구하는 것이다. 그렇지 않고 바로 세 근을 구하는 방법은

$$D = \sqrt[3]{-\frac{q}{2} + \sqrt{\frac{q^2}{4} + \frac{p^3}{27}}}, \quad \overline{D} = \sqrt[3]{-\frac{q}{2} - \sqrt{\frac{q^2}{4} + \frac{p^3}{27}}}$$

라고 하면

$$\alpha = D + \overline{D}$$
$$\beta = D\omega + \overline{D}\omega^2$$
$$\gamma = D\omega^2 + \overline{D}\omega$$

로 세 근을 구할 수 있다.

아, 타르탈리아가 드디어 3차방정식의 근의 공식을 발견했다. 이것이 꿈인가? 타르탈리아는 자신의 계산이 틀리지 않았는지 몇 번이고 반복적으로 계산을 해보았다. 그러나 이것은 현실이고 타르탈리아는 발견해낸 것이다. $x^3 + px + q = 0$(p와 q는 유리수)에서 $\alpha + \beta + \gamma = 0$의 관계가 있으니 이것을 이용하면 어떻게든 될 것이라고 매달렸는데, 중간에 시행착오는 있었지만 타르탈리아는 발견했다. 행운이나 위대한 발견은 하루하루 고단하게 그 길을 꾸준히 걸었기 때문에 신이 우연을 가장해서 주는 대가가 아닌가?

감동과 환희가 몰려오면서 그가 어렸을 적에 겪었던 모든 불행했던 장면들이 갑자기 머릿속에 떠오르면서 지나가고 있다. 지금의 결과에 도달하기 위해서 신은 그에게 고난의 길로 인도했던 것이다.

나는 타르탈리아가 3차방정식의 근의 공식을 발견한 사실이야말로 지금의 현대 대수학의 근간인 갈루아 이론이 나올 수 있었던 시발점이라고 생각한다. 그는 어렸을 때 프랑스 병사가 휘두른 칼에 맞아 안면에 장애가 생겼

고 그런데도 필사적으로 노력해서 3차방정식의 해법을 발견했다. 그러나 그의 업적은 인정받지 못했다. 더구나 그가 발견한 해법을 다른 사람이 불법적으로 인용해 버려서 공식적으론 그가 3차방정식 해법의 발견자가 아니다. 그는 후세의 우리들에게 많은 것을 주고 갔다. 내가 그런 자격이 있는지는 모르겠으나, 나는 그를 존경하고 또 다른 세상에선 합당한 존경과 대우를 받고 살 것이라고 바라고 믿는다.

연습문제

1. 다음 3차방정식의 근을 구하시오.
   (1) $x^3 - 1 = 0$
   (2) $x^3 - 5 = 0$
   (3) $x^3 - \dfrac{2}{3} = 0$

2. 다음 3차방정식의 근을 구하시오.
   (1) $x^3 - 6x^2 + 11x - 6 = 0$
   (2) $(x-3)(x^2 + 3x + 2) = 0$
   (3) $x^3 - 7x - 6 = 0$
   (4) $x^3 + 3x^2 - 7x - 6 = 0$

3. $x^3 + px + q = 0$의 근을 α, β, γ라고 한다. 이때 다음 식을 p와 q로 나타내시오.
   (1) $\alpha^2 + \beta^2 + \gamma^2$
   (2) $\alpha^2\beta^2 + \beta^2\gamma^2 + \gamma^2\alpha^2$
   (3) $(\alpha - \beta)^2(\beta - \gamma)^2(\gamma - \alpha)^2$

4

타르탈리아가 인류 최초로 허수를 발견하다

3차방정식 $x^3 - 5x + 2 = 0$을 풀어보자. x에 2를 대입하면 0이 된다. 따라서 아래와 같이 인수분해된다.

$$(x-2)(x^2 + 2x - 1) = 0 \cdots (1)$$

$x^2 + 2x - 1 = 0$ 근은 2차방정식 근의 공식을 이용해서

$$x = \frac{-2 \pm \sqrt{2^2 - 4 \cdot 1 \cdot (-1)}}{2 \cdot 1} = \frac{-2 \pm \sqrt{8}}{2} = -1 \pm \sqrt{2}$$

가 된다. 즉, 3차방정식의 모든 근이 실수이다. 이번에는 3차방정식의 근의 공식을 이용해서 근들을 구해보자.

먼저 D와 $\overline{D}$를 구하면, $p = -5$, $q = 2$이므로

$$D = \sqrt[3]{-\frac{q}{2} + \sqrt{\frac{q^2}{4} + \frac{p^3}{27}}} = \sqrt[3]{-\frac{2}{2} + \sqrt{\frac{2^2}{4} + \frac{(-5)^3}{27}}}$$

$$= \sqrt[3]{-1 + \sqrt{1 + \frac{(-125)}{27}}} = \sqrt[3]{-1 + \sqrt{-\frac{98}{27}}}$$

$$\overline{D} = \sqrt[3]{-\frac{q}{2} - \sqrt{\frac{q^2}{4} + \frac{p^3}{27}}} = \sqrt[3]{-1 - \sqrt{-\frac{98}{27}}}$$

가 된다. 따라서 첫 번째 근은

$$\alpha = D + \overline{D} = \sqrt[3]{-1 + \sqrt{-\frac{98}{27}}} + \sqrt[3]{-1 - \sqrt{-\frac{98}{27}}}$$

이 된다.

분명 식 (1) 방정식은 실수 근 3개를 가지는데, 3차방정식의 근의 공식으로 구하면 원하는 형태가 나오지 않는다. 그러나 α를 방정식에 대입해서 정리하면 방정식을 만족시킨다. 이유가 뭘까?

지금 D의 수식을 보면 $\sqrt{-\frac{98}{27}}$가 사용되고 있다. 타르탈리아는 근호($\sqrt{}$) 안에는 양수만 있어야 하나, 일단 계산하기 편하니 그대로 사용했는데, '왜 이런 수가 나오는가'를 타르탈리아는 곰곰이 생각해 보았다. 히파수스의 무리수를 정의하는 방법대로라면 제곱해서 음수가 되는 수이다. 이런 수는 있을 수 없다. 이치에도 맞지 않는다. 그런데 근의 공식을 사용하면 반드시 이런 수가 나온다. 이전에는 이런 근이 나오는 방정식은 생각할 필요가 없다고 해서 제외했는데 지금의 식 (1)은 엄연히 3개의 실수근을 가지지 않는가? 왜 이런 값이 나오는가? 제곱해서 음수가 되는 수! 이것은 도저히 존재할 수 없는 수이다. 그러나 근의 공식으로 계산할 때, 이런 수는 없지만 계산하는데 편리하니 사용하는 것이다.

그렇게 타르탈리아는 시간을 흘려보냈다. 히파수스가 무리수를 주장했을 때도 피타고라스나 그 시대의 사람들은 그것을 인정하지 않고 비웃었다. 사람들은 기존의 관념대로 생각하는 경향이 있다. 타르탈리아 역시 숫자는 무리수 외에는 더 이상 있을 수 없다라는 고정관념에 사로잡혀서 현상을 보는 것이 아닐까라고 생각했다. 문득 그는 이런 수도 엄연히 수가 아닐까 하는 생각이 들었다. **그럼, 모든 2차와 3차방정식의 근이 존재하게 되는 것이다.**

히파수스도 무리수의 존재를 인정하니 모든 직각삼각형에 대해서 피타고라스의 정리가 성립한다고 했지 않는가? 수(number)는 인간이기에 생각할 수 있고 사용할 수 있는 것이다. 지금 밖에서 짖고 있는 개나 소는 이런 추상적인 개념을 이해하지 못한다. 그것이 인간과 동물을 구분하는 기준이다. 더 나아가 인간은 언제든지 새로운 수를 발견할 수 있다.

타르탈리아는 '내가 기존의 고정관념에 너무 사로잡혀 있지는 않는가'라고 의심했다. '혹시 내가 히파수스처럼 인간으로서 최초로 새로운 수를 발견한 것이 아닐까?'라고 그는 며칠 동안 이 문제에 대해서 깊이 사색했다. 그런 후 타르탈리아는 확신이 섰다. 그는 계산에 사용한, 제곱해서 음수가 되는 수는 이제까지 우리가 모르던 새로운 수라는 것을 알았다.

'아!, 내가 최초로 이런 수를 발견하고, 인식한 사람이란 말인가?' 감격이 밀려오는 동시에 두려움도 느꼈다. 히파수스는 무리수의 존재를 주장하다가 참변을 당했고, 몇 년 전에는 갈릴레오가 지구가 태양을 돈다고 주장하다가 종교재판에 회부되지 않았던가? 히파수스가 최초로 무리수를 알았을 때의 느낌을 그도 지금 느낄 수 있었다. '알콰리즈미는 자신이 3차방정식의 해법을 알아내고 싶어서 신에게 자신이 또다시 환생해 달라고 간청하지 않았는가? 내 안에 히파수스의 영혼이 있는지도 모른다'라고 그는 생각했다.

그림 4-1처럼 제곱근이 음수인 경우에도 피타고라스 정리가 성립한다. 그럼 길이가 음수인 수는 어떤 의미일까? 어디에 어떤 식으로 존재할까?

$$(3\sqrt{-1})^2 + (4\sqrt{-1})^2 = (5\sqrt{-1})^2$$

거울 속에 비친 현실이라고 비유할 수 있을 것이다. 우리 입장에서 거울 속의 현실은 우리가 상상은 할 수 있지만 존재하지 않는 것이다. 아니다. 혹시 실제로 존재하는 것이 아닐까? 허수는 지금의 현실과 거울 속의 현실을 연결시켜주는 단서일지도 모른다.

타르탈리아는 계속해서 허수의 의미를 곰곰이 생각해봤다. 혹시 우리의 현실 외에 다른 현실이 있다는 것을 나타내는 것이 아닐까? 다른 우주일지도 모른다. 지금까지 타르탈리아와 다른 사람들은 지금의 현실만 유일하다고 믿었다.

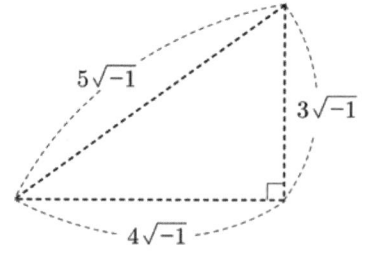

그림 4-1 길이가 음의 제곱근인 직각삼각형

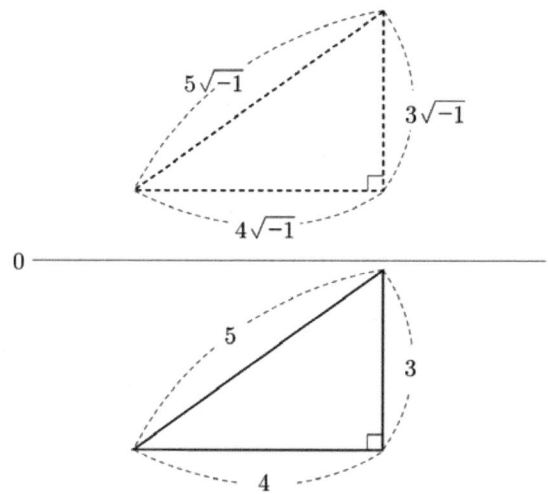

그림 4-2 0을 경계로 대칭적으로 다른 우주에 존재하는 허수 직각삼각형

허수! 그것은 또 다른 현실이 존재한다는 증거이다. 타르탈리아는 기존 현실의 인간으로서 다른 현실의 존재를 처음으로 상상하게 되었고, 또 그 세계가 있다는 것을 믿게 되었다. 허수의 현실은 폭풍우 속에서 한 줄기 빛처럼 타르탈리아에게만 살며시 자신의 존재를 보여주었다. 아마 그림 4-2처럼 이쪽의 현실에 대해서 대칭되는 다른 현실이 존재하는 것이다. 그리고 무(無)를 의미하는 0은 바로 현재 우주와 다른 우주를 구분하는 경계 또는 대칭점이다. 단지 돈 계산할 때 쓰이는 0이 이런 깊은 의미가 있다니.

어느 분야보다도 이성적이며 논리적이어야 할 수학에서 모순적으로 이 세상에 없는 상상의 세계를 맞닥뜨렸다. 아, 히파수스가 맨 처음 $\sqrt{2}$ 와 같은 무리수를 생각했을 때보다 더 놀라움을 느꼈다. 적어도 무리수는 현실에서 인지할 수 있지 않는가?

허수는 3차방정식의 근을 계산할 땐 편리하게 이용된다. 따라서 허수는 계산 외에는 필요 없다고 생각했는데, 처음 무리수가 나왔을 때도 그런 취급을 했다. 타르탈리아는 또 다른 수가 있다는 것을 알았고, 그 수는 우리와 다른 세계를 연결하는 통로라는 것을 깨달았다. 타르탈리아의 생각이 그것까지 다다르고 있지 않는가?

문득 타르탈리아는 어머니가 모든 일을 할 때 그가 이루려는 목표나 결과를 먼저 상상하면서 길을 걸으라고 한 말씀을 떠올렸다. 그럼 어김없이 그런 현실이나 결과가 나타났다. 타르탈리아는 3차방정식의 해법을 발견한 것도 그 방법의 결과 중 하나이다. 그럼 지금의 현실도 허수가 가리키고 있는 그 세계의 일부란 말인가?

우리는 단지 허수가 가리키는 그 일부분의 세계를 보고 느끼고 있는가? 아마 현실은 바다와 같은 더 큰 세계에 떠 있는 섬과 같은 것이다. 또 다른 파도가 밀려오면 그 섬에 있는 우리들은 그 파도를 보면서 이런 것이 현실이구나라고 판단하는 것뿐이다. 다른 파도가 밀려오면 또다시 그것이 현실이 된다.

3차방정식을 푸는데 편리하게 사용되는 형태의 수가 예상치 못하게 우리의 세계와 다른 세계를 연결하는 연결고리라는 것이다.

지금의 현실은 타르탈리아에게는 너무나 불행하고 고난의 연속이다. 타르탈리아는 새로운 세계의 존재를 안 이상, 그 새로운 세계로 갈 수도 있지 않을까라고 생각했다.

일단 허수에 대해서 정리해보자.

허수를 도입하면 이전에는 2차방정식에서 고려하지 않았던 두 개의 허근을 가지게 된다.

$x^2 - 1 = 0$ 를 풀면

$$(x+1)(x-1) = 0$$

이므로 +1, -1 두 개의 근을 가진다.

그럼 $x^2 + 1 = 0$ 은 어떤가?

$$x^2 = -1$$

이 된다. 이전에는 이런 수식은 고려하지 않았다. 그러나 지금은 다시 인수분해해보면,

$$(x + \sqrt{-1})(x - \sqrt{-1}) = 0$$

가 된다.

그럼 이번에는 $+\sqrt{-1}$과 $-\sqrt{-1}$이 두 근이 된다.

$x^2+4=0$을 생각해보자.

$$x^2+4=0$$
$$(x+\sqrt{-4})(x-\sqrt{-4})=0$$

$x=\sqrt{-4}$와 $x=-\sqrt{-4}$이 근이 된다. 4는 2의 제곱이므로 근호 밖으로 뺄 수 있다. $x=2\sqrt{-1}$과 $x=-2\sqrt{-1}$이 된다. $\sqrt{-1}$을 그대로 쓰면 불편하므로 알파벳 i로 대체하면, $x=2i$와 $x=-2i$가 된다.

이번에는 $x^2+3=0$을 생각해보자. 인수분해하면

$$x^2+3=(x+\sqrt{3}i)(x-\sqrt{3}i)=0$$

따라서 x의 값은 $\sqrt{3}i$와 $-\sqrt{3}i$이다.

이번에는 2차방정식 $x^2+2x+7=0$을 계산해보자. 근의 공식을 이용하면

$$x=\frac{-2\pm\sqrt{2^2-4\cdot1\cdot7}}{2\cdot1}=\frac{-2\pm\sqrt{-24}}{2}$$
$$=\frac{-2\pm2\sqrt{6}i}{2}=-1\pm\sqrt{6}i$$

가 된다.

그럼 실수는 허수 부분이 없다고 생각하면 i에 0을 곱하면 되므로 5와 같은 실수들은 다음처럼 표현할 수 있다.

$$5=5+0\cdot i$$

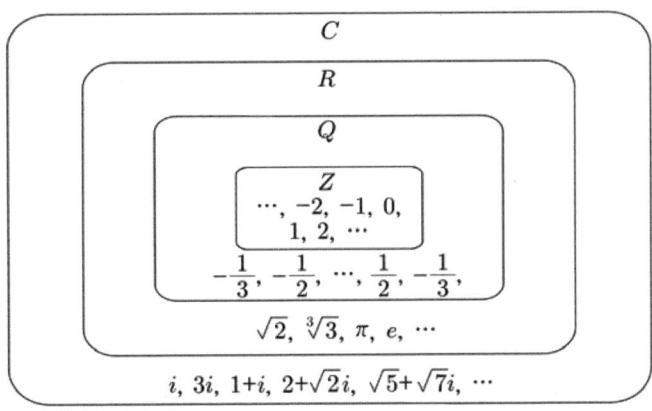

그림 4-3 허수를 포함하는 수체계

즉, 허수가 실수보다 더 큰 범위의 수이다.

$a+bi$처럼 실수와 허수가 같이 표현된 수를 **복소수**(complex number)라 한다. 다음은 복소수에서 사칙연산을 하는 방법이다. 덧셈과 뺄셈은 간단하다. 실수부는 실수부끼리, 허수부는 허수부끼리 더하면 되는 것이다.

$1+i$와 $2+3i$를 더하는 경우 실수부 1과 2를 더하고, 허수부 2와 3을 더한 후, 실수부와 허수부를 표시하면 된다.

$$(1+i)+(2+3i)=3+4i$$

뺄셈도 같은 종류의 숫자끼리 빼면 된다.

$$(1+i)-(2+3i)=-1-2i$$

곱셈은 각각의 숫자끼리 분배법칙을 이용해서 한 번씩 곱해서 종류가 같은 숫자끼리 정리하면 된다.

$$(1+i)\times(2+3i)=1\times(1+i)+i\times(2+3i)$$
$$=1+i+2i+3\times i^2$$

i^2은 -1이 되므로, 다시 정리하면,

$$1+i+2i+3\times(-1)=-2+3i$$

가 된다. i^2은 -1이 됨을 주의하자.

나눗셈은 분모를 실수화해서 실수부와 허수부로 나누어서 정리하면 된다. 분모와 분자에 $2+3i$와 허수부의 부호만 다른 $2-3i$를 곱해서 정리한다. $2-3i$와 같이 허수부의 부호만 다른 복소수를 $2+3i$의 **켤레 복소수**라 부른다.

$$\frac{(1+i)}{(2+3i)}=\frac{(1+i)}{(2+3i)}\times\frac{2-3i}{2-3i}=\frac{(1+i)(2-3i)}{2^2+(3i)^2}$$
$$=\frac{5-i}{4-9}=\frac{5-i}{-5}=\frac{-5+i}{5}$$

앞에서 풀어 본 3차방정식 $x^3-5x+2=0$의 세 근을 복소수로 나타내 보자. 첫 번째 근은

$$\alpha = D + \overline{D} = \sqrt[3]{-1 + \sqrt{-\frac{98}{27}}} + \sqrt[3]{-1 - \sqrt{-\frac{98}{27}}}$$

이므로

$$\alpha = \sqrt[3]{-1 + \sqrt{\frac{98}{27}}\,i} + \sqrt[3]{-1 - \sqrt{\frac{98}{27}}\,i}$$

가 된다.

두 번째와 세 번째 근은

$$\beta = \sqrt[3]{-1 + \sqrt{\frac{98}{27}}\,i}\,\omega + \sqrt[3]{-1 - \sqrt{\frac{98}{27}}\,i}\,\omega^2$$

$$\gamma = \sqrt[3]{-1 + \sqrt{\frac{98}{27}}\,i}\,\omega^2 + \sqrt[3]{-1 - \sqrt{\frac{98}{27}}\,i}\,\omega$$

이 된다. $\left(\omega = \dfrac{-1 + \sqrt{3}\,i}{2}\right)$

연습문제

1. 다음 복소수의 값을 구하시오.
   (1) $(2+3i)+(5-9i)$
   (2) $(2+3i)-(5-9i)$
   (3) $(2+3i)(5-9i)$
   (4) $\dfrac{(2+3i)}{(5-9i)}$

2. $a=4+3i$, $b=7-5i$일 때, 다음을 구하시오.
   (1) $(a+b)^2$
   (2) $(a-b)^2$
   (3) a^2+b^2
   (4) a^2-b^2

5

카르다노의 제자인 페라리가 4차방정식의 해법을 발견하다

그림 5-1 지롤라모 카르다노 초상화

카르다노(Girolamo Cardano, 1501-1576) 스승님은 "페라리(1522-1565)), 네가 반드시 4차방정식의 해법을 찾아야 한다"고 무척 강조하였다. 그도 그럴 것이 카르다노가 지금 출판할 책을 사람들이 읽으면 3차방정식의 해법을 타르탈리아(1499-1557)가 발견했다고 주장할 것이기 때문이다. 방어망이 필요하다. 따라서 책에 3차방정식의 해법 외에 다른 새로운 내용이 있어야만 한다.

스승과 여러 차례 의견을 나눈 후, 페라리는 4차방정식의 해법을 찾아서 같이 출판하면 되겠다고 의기투합했다. 그래서 페라리는 4차방정식의 해법을 찾아보기로 했다. 3차방정식의 해법을 찾는 방법을 알았으니 그걸 기반으로 찾으면 될 것이다. 확실한 것은 없다. 일단 해보는 것이다.

$x^3 + bx^2 + cx + d = 0$ 같은 일반적인 3차방정식은 다음처럼 변환을 하면 언제든지 $x^3 + px + q = 0$ 형태로 만들 수 있다.

$x = X - \dfrac{b}{3}$을 원래 3차방정식 $x^3 + bx^2 + cx + d = 0$에 대입해서 정리하면,

$$\left(X - \frac{b}{3}\right)^3 + b\left(X - \frac{b}{3}\right)^2 + c\left(X - \frac{b}{3}\right) + d = 0$$

이 식의 2차 항을 계산하면

$$-3 \cdot \frac{b}{3}X^2 + bX^2 = 0$$

이 된다. 이런 변수 변환으로 2차항을 제거할 수 있으므로 처음부터 2차항 없는 $x^3 + px + q = 0$의 3차방정식을 고려하면 된다.

다음은 $x = u + v$를 미지수에 대입해서 정리하면,

$$u^3 + v^3 = -q$$
$$u^3 v^3 = \left(-\frac{p}{3}\right)^3$$

와 같이 변수들의 관계가 성립한다.

두 식을 이용해서 2차방정식 $t^2 + qt - \dfrac{p^3}{27} = 0$을 풀어서 u^3과 v^3의 근을 먼저 구한다. 그리고 각각의 u와 v의 세 제곱근을 구한 후,

$$\alpha = v + u$$
$$\beta = v\omega + u\omega^2$$
$$\gamma = v\omega^2 + u\omega$$

세 근을 구하면 된다.

그럼 일반적인 4차방정식 $x^4 + ax^3 + bx^2 + cx + d = 0$의 근을 구하는 방법도 먼저 x^3 항을 제거하는 것이 될 것이다. 그럼 $x = X - \dfrac{a}{4}$로 두고,

이것을 x에 대입해서 정리해보자.

$$\left(X-\frac{a}{4}\right)^4 + a\left(X-\frac{a}{4}\right)^3 + b\left(X-\frac{a}{4}\right)^2 + c\left(X-\frac{a}{4}\right) + d = 0$$

이 된다. 그럼 X^3항을 정리해보자.

$$\left(X-\frac{a}{4}\right)^2 = \left(X^2 - \frac{a}{2}X + \frac{a^2}{16}\right)$$

$$a\left(X-\frac{a}{4}\right)^3 = a\left(X^2 - \frac{a}{2}X + \frac{a^2}{16}\right)\left(X-\frac{a}{4}\right)$$

$$= a\left(X^3 - \frac{3a}{4}X^2 + \frac{3a^2}{16}X - \frac{a^3}{64}\right)$$

$$\left(X-\frac{a}{4}\right)^4 = \left(X^3 - \frac{3a}{4}X^2 + \frac{3a^2}{16}X - \frac{a^3}{64}\right)\left(X-\frac{a}{4}\right)$$

$$= X^4 - aX^3 + \frac{a^2}{4}X^2 - \frac{a^3}{24}X + \frac{a^4}{256}$$

$\left(X-\frac{a}{4}\right)^4$과 $a\left(X-\frac{a}{4}\right)^3$에서 X^3항은 aX^3이므로 서로 상쇄가 된다. 따라서 처음부터 x^3이 없는 4차방정식

$$X^4 + pX^2 + qX + r = 0 \quad (p,\ q,\ r \text{은 유리수}) \quad \cdots (1)$$

을 풀면 된다.

그 다음 3차방정식의 풀이에서 사용된 방법이 X에 $u+v$를 대입하는 것이다. 4차방정식의 네 근을 $\alpha,\ \beta,\ \gamma,\ \delta$라고 하면 (1)식에선 근과 계수의 관계에서 $\alpha + \beta + \gamma + \delta = 0$이 된다.

그럼 4차방정식에선 X에 $s+t+u$를 대입해서 정리해보자.

주어진 방정식 $X^4 + pX^2 + qX + r = 0$에 $X = s+t+u$를 대입한다.

$$(s+t+u)^4 + p(s+t+u)^2 + q(s+t+u) + r = 0 \quad \cdots (2)$$

각 차수별로 정리한다.

$$(s+t+u)^4 = (s^2+t^2+u^2)^2 + 4(s^2+t^2+u^2)(st+tu+us)$$
$$+ 4(st+tu+us)^2$$
$$(st+tu+us)^2 = (s^2t^2+t^2u^2+u^2s^2) + 2stu(s+t+u)$$
$$(s+t+u)^2 = (s^2+t^2+u^2) + 2(st+tu+us)$$

식을 간단히 하기 위해서

$$s^2+t^2+u^2 = A,\ s^2t^2+t^2u^2+t^2s^2 = B,\ stu = C$$

라고 두면

$$(s+t+u)^4 = A^2 + 4A(st+tu+us) + 4B + 8C(s+t+u)$$
$$(s+t+u)^2 = A + 2(st+tu+us)$$

으로 간단하게 정리된다.

(2) 식에 대입해서 정리하면

$$A^2 + 4A(st+tu+us) + 4B + 8C(s+t+u)$$
$$+ p\{A + 2(st+tu+us)\} + q(s+t+u) + r = 0$$

다시 정리하면,

$$(st+tu+us)(4A+2p) + (s+t+u)$$
$$(8C+q) + A^2 + pA + 4B + r = 0 \ \cdots\ (3)$$

식 (3)이 0이 되기 위해선 $(st+tu+us)$와 $(s+t+u)$의 계수가 0이 되고 상수항이 0이 되면 된다. 정리하면,

$$4A + 2p = 0$$
$$8C + q = 0$$
$$A^2 + pA + 4B + r = 0$$

다시 A, B, C에 대해서 식을 정리해보자.

$$A = -\frac{p}{2},\ B = \frac{p^2}{16} - \frac{r}{4},\ C = -\frac{q}{8}$$

가 된다.

A, B, C를 다시 원래의 s, t, u로 환원해서 정리하면

$$s^2 + t^2 + u^2 = -\frac{p}{2} \cdots (4)$$

$$s^2 t^2 + t^2 u^2 + u^2 s^2 = \frac{p^2}{16} - \frac{r}{4} \cdots (5)$$

$$s^2 t^2 u^2 = \left(-\frac{q}{8}\right)^2 \cdots (6)$$

(4), (5), (6) 세 식을 살펴보면 이번에는 s^2, t^2, u^2을 근으로 하는 3차방정식의 근과 계수의 관계를 형성하고 있다. 그럼 4차방정식은 다시 s^2, t^2, u^2을 근으로 하는 3차방정식으로 변환을 할 수 있다는 의미이다. 3차방정식을 만들어보면,

$$(y - s^2)(y - t^2)(y - u^2) = 0$$

좌변을 전개하면

$$y^3 - (s^2 + t^2 + u^2)y^2 + (s^2 t^2 + t^2 u^2 + u^2 s^2)y - s^2 t^2 u^2 = 0$$

(4), (5), (6)의 계수를 적용하면

$$y^3 + \frac{p}{2}y^2 + \left(\frac{p^2}{16} - \frac{r}{4}\right)y - \frac{q^2}{64} = 0$$

이 된다.

그럼 먼저 s^2, t^2, u^2을 근으로 하는 3차방정식을 먼저 푼 후, (4), (5), (6)을 이용해서 각각의 s, t, u를 조합해서 4개의 근을 구하면 된다.

다음의 4차방정식 $x^4 + 4x + 1 = 0$을 풀어보자.

$$p = 0,\ q = 4,\ r = 1$$

이므로 3차방정식으로 변환하면

$$y^3 + 0 \cdot y^2 + \left(\frac{0}{16} - \frac{1}{4}\right)y - \frac{4^2}{64} = 0$$

정리하면

$$y^3 - \frac{1}{4}y - \frac{1}{4} = 0$$

먼저 D를 구해보면

$$D = \sqrt[3]{-\frac{\left(-\frac{1}{4}\right)}{2} + \sqrt{\frac{\left(\frac{1}{4}\right)^2}{4} + \frac{\left(-\frac{1}{4}\right)^3}{27}}}$$

$$= \sqrt[3]{\frac{1}{8} + \sqrt{\frac{1}{64} - \frac{1}{64 \times 27}}}$$

$$= \sqrt[3]{\frac{1}{8} + \frac{1}{8}\sqrt{1 - \frac{1}{27}}} = \frac{1}{2}\sqrt[3]{1 + \sqrt{\frac{26}{27}}}$$

$\overline{D}$를 구해보면

$$\overline{D} = \frac{1}{2}\sqrt[3]{1 - \sqrt{\frac{26}{27}}}$$

이다. 따라서 s^2, t^2, u^2를 구해보면

$$s^2 = D + \overline{D} = \frac{1}{2}\left(\sqrt[3]{1 + \sqrt{\frac{26}{27}}} + \sqrt[3]{1 - \sqrt{\frac{26}{27}}}\right)$$

$$t^2 = D\omega + \overline{D}\omega^2 = \frac{1}{2}\left(\sqrt[3]{1 + \sqrt{\frac{26}{27}}}\,\omega + \sqrt[3]{1 - \sqrt{\frac{26}{27}}}\,\omega^2\right)$$

$$u^2 = D\omega^2 + \overline{D}\omega = \frac{1}{2}\left(\sqrt[3]{1 + \sqrt{\frac{26}{27}}}\,\omega^2 + \sqrt[3]{1 - \sqrt{\frac{26}{27}}}\,\omega\right)$$

가 된다.

s, t, u를 구하면 모두 6개가 된다. 그런데 s, t, u는 식 (6)에 의해서 $stu = -\frac{q}{8}$의 관계가 있다. 좌측의 3개의 곱이 양수인 경우를 나열해보면

$$stu = s(-t)(-u) = (-s)t(-u) = (-s)(-t)u$$

4가지 경우이다. 이 값들로 조합을 해서 4개의 근을 구하면

$$\alpha = s+t+u = \sqrt{\frac{1}{2}\left(\sqrt[3]{1+\sqrt{\frac{26}{27}}} + \sqrt[3]{1-\sqrt{\frac{26}{27}}}\right)}$$

$$+ \sqrt{\frac{1}{2}\left(\sqrt[3]{1+\sqrt{\frac{26}{27}}}\,\omega + \sqrt[3]{1-\sqrt{\frac{26}{27}}}\,\omega^2\right)}$$

$$+ \sqrt{\frac{1}{2}\left(\sqrt[3]{1+\sqrt{\frac{26}{27}}}\,\omega^2 + \sqrt[3]{1-\sqrt{\frac{26}{27}}}\,\omega\right)}$$

$$\beta = s-t-u = \sqrt{\frac{1}{2}\left(\sqrt[3]{1+\sqrt{\frac{26}{27}}} + \sqrt[3]{1-\sqrt{\frac{26}{27}}}\right)}$$

$$- \sqrt{\frac{1}{2}\left(\sqrt[3]{1+\sqrt{\frac{26}{27}}}\,\omega + \sqrt[3]{1-\sqrt{\frac{26}{27}}}\,\omega^2\right)}$$

$$- \sqrt{\frac{1}{2}\left(\sqrt[3]{1+\sqrt{\frac{26}{27}}}\,\omega^2 + \sqrt[3]{1-\sqrt{\frac{26}{27}}}\,\omega\right)}$$

$$\gamma = -s+t-u = -\sqrt{\frac{1}{2}\left(\sqrt[3]{1+\sqrt{\frac{26}{27}}}\right.}$$

$$\left.+ \sqrt[3]{1-\sqrt{\frac{26}{27}}}\right) + \sqrt{\frac{1}{2}\left(\sqrt[3]{1+\sqrt{\frac{26}{27}}}\,\omega + \sqrt[3]{1-\sqrt{\frac{26}{27}}}\,\omega^2\right)}$$

$$- \sqrt{\frac{1}{2}\left(\sqrt[3]{1+\sqrt{\frac{26}{27}}}\,\omega^2 + \sqrt[3]{1-\sqrt{\frac{26}{27}}}\,\omega\right)}$$

$$\delta = -s-t+u = -\sqrt{\frac{1}{2}\left(\sqrt[3]{1+\sqrt{\frac{26}{27}}} + \sqrt[3]{1-\sqrt{\frac{26}{27}}}\right)}$$

$$- \sqrt{\frac{1}{2}\left(\sqrt[3]{1+\sqrt{\frac{26}{27}}}\,\omega + \sqrt[3]{1-\sqrt{\frac{26}{27}}}\,\omega^2\right)}$$

$$+ \sqrt{\frac{1}{2}\left(\sqrt[3]{1+\sqrt{\frac{26}{27}}}\,\omega^2 + \sqrt[3]{1-\sqrt{\frac{26}{27}}}\,\omega\right)}$$

복잡하지만 어쨌든 4차방정식의 4개의 근이 구해진다.

지금 생각해보면, 3차방정식도 원래의 방정식을 u^3, v^3를 두 근으로 하는 2차방정식으로 변환해서 풀 수 있었지 않는가?

4차방정식도 3차방정식으로 변환 후 다시 3차방정식을 2차방정식으로 변환해서 풀면 원래의 4차방정식의 근이 구해진다.

아! 이것이 고차방정식을 푸는 방법이다. 원래의 방정식을 더 낮은 차수의 방정식으로 계속적으로 변환해서 풀면 되는 것이다. 그럼 5차방정식도 계산은 복잡하겠지만 4차방정식으로 변환만 하면 자동으로 풀리는 것이다.

그럼, 5차방정식도 이 방법을 이용해서 풀어보자.

$$x^5 + ax^4 + bx^3 + cx^2 + dx + e = 0$$

일단 방정식에서 4차방정식처럼 x^4을 없애야 한다. 3차방정식에선 $x = X - \dfrac{a}{3}$가 4차방정식에선 $x = X - \dfrac{a}{4}$로 대입했으므로 5차방정식에선 $x = X - \dfrac{a}{5}$로 치환해서 정리하면 될 것이다.

5차방정식 $x^5 + ax^4 + bx^3 + cx^2 + dx + e = 0$에서 $x = X - \dfrac{a}{5}$를 대입해서 정리해보자.

$$\left(X - \frac{a}{5}\right)^5 + a\left(X - \frac{a}{5}\right)^4 + b\left(X - \frac{a}{5}\right)^3 + c\left(X - \frac{a}{5}\right)^2 + d\left(X - \frac{a}{5}\right) + e = 0$$

$$\cdots (7)$$

에서 우선 $\left(X - \dfrac{a}{5}\right)^5$와 $\left(X - \dfrac{a}{5}\right)^4$를 전개해서 정리하자.

$$\left(X - \frac{a}{5}\right)^2 = \left(X^2 - \frac{2a}{5}X + \frac{a^2}{5^2}\right)$$

$$\left(X - \frac{a}{5}\right)^3 = \left(X^2 - \frac{2a}{5}X + \frac{a^2}{5^2}\right)\left(X - \frac{a}{5}\right)$$

$$= X^3 - \frac{3a}{5}X^2 + \frac{3a^2}{5^2}X - \frac{a^3}{5^3}$$

$$\left(X-\frac{a}{5}\right)^4 = \left(X^3 - \frac{3a}{5}X^2 + \frac{3a^2}{5^2}X - \frac{a^3}{5^3}\right)\left(X-\frac{a}{5}\right)$$

$$= X^4 - \frac{4a}{5}X^3 + \left(\frac{3a^2}{5^2}+\frac{3a^2}{5^2}\right)X^2 - \left(\frac{3a^3}{5^3}+\frac{a^3}{5^3}\right)X + \frac{a^4}{5^4}$$

$$\left(X-\frac{a}{5}\right)^5 = \left(X^4 - \frac{4a}{5}X^3 + \left(\frac{3a^2}{5^2}+\frac{3a^2}{5^2}\right)X^2 - \left(\frac{3a^3}{5^3}+\frac{a^3}{5^3}\right)X + \frac{a^4}{5^4}\right)\left(X-\frac{a}{5}\right)$$

$$= X^5 - \left(\frac{a}{5}+\frac{4a}{5}\right)X^4 + \left(\frac{4a^2}{5^2}+\frac{3a^2}{5^2}+\frac{3a^2}{5^2}\right)X^3$$

$$- \left(\frac{3a^3}{5^3}+\frac{3a^3}{5^3}+\frac{3a^3}{5^3}+\frac{a^3}{5^3}\right)X^2 + \left(\frac{3a^4}{5^4}+\frac{a^4}{5^4}+\frac{a^4}{5^4}\right)X - \frac{a^5}{5^5}$$

식 (7)에서 $\left(X-\frac{a}{5}\right)^5 + a\left(X-\frac{a}{5}\right)^4$을 정리하면

$$\left(X-\frac{a}{5}\right)^5 + a\left(X-\frac{a}{5}\right)^4 = X^5 - \left(\frac{a}{5}+\frac{4a}{5}-a\right)X^4 + \left(\frac{2a^2}{5}-\frac{4a^2}{5}\right)X^3 + \cdots$$

정리하면

$$X^5 - \frac{2a^2}{5}X^3 + \cdots$$

이 된다. 즉, X^4항이 제거된다. 5차방정식도 $x^5 + ax^3 + bx^2 + cx + d = 0$ 형태의 방정식을 풀면 된다. 그럼 다시 근과 계수의 관계에 의해서

$$\alpha + \beta + \gamma + \delta + \theta = 0$$

이 성립하므로, 4차방정식처럼 $x = s + t + u + v$를 대입해서 차수별로 정리해서 각 차수별로 0이 되는 다항식을 만들면 된다.

x^5을 계산해보자.

$A = s + t$, $B = u + v$로 두면

$$x^5 = (A+B)^5$$
$$(A+B)^2 = (A^2 + 2AB + B^2)$$
$$(A+B)^2(A+B)^2 = (A^2 + 2AB + B^2)(A^2 + 2AB + B^2)$$
$$= A^4 + B^4 + 2A^3B + 4AB^3 + 6A^2B^2$$
$$= A^4 + B^4 + 2AB(A^2 + 2B^2 + 3AB)$$
$$(A+B)^5 = (A^4 + B^4 + 2AB(A^2 + 2B^2 + 3AB))(A+B)$$
$$= A^5 + B^5 + AB(A^3 + B^3) + 2AB^2(A^2 + 2B + 3AB)$$
$$\vdots$$

차수가 5차가 되니 계산량이 급격히 늘어난다. 나는 오랜 시간 5차방정식도 4차방정식처럼 s, t, u, v가 4차방정식의 계수들의 식으로 이루어질 것을 기대하고 계산을 했다. 그러나 그것은 쉽지 않은 작업이었다. 페라리는 이 어려움을 레오나르도 다빈치(1452-1519)의 연구를 통해 해법을 찾으려 노력해보았다. 다빈치 역시 과거 자동으로 계산하는 기계의 설계도를 구상한 적이 있었다. 다빈치는 미래에는 사람이 명령어를 입력하면 기계가 자동으로 계산해 주는 시대가 올 것이라고 했다. 그리고 이 작업은 그 기계를 쓰는 시대의 사람들에게 맡기면 되지 않을까.

페라리는 일단 5차방정식의 해법을 찾는 것은 포기하고 3차방정식과 4차방정식의 해법을 카르다노 스승님과 협의해서 출판하기로 했다.

연습문제

1. 다음 4차방정식을 풀어보시오.
    (1) $x^4 - 1 = 0$
    (2) $x^4 + 4x^2 + 4 = 0$
    (3) $x^4 - 4x^2 + 3 = 0$

2. 다음 4차방정식을 풀어보시오.
    (1) $x^4 + 2x + 5 = 0$
    (2) $x^4 + 2x^2 + 2x + 5 = 0$
    (3) $x^4 + 4x^3 + 2x^2 + 2x + 5 = 0$

6

라그랑주, 다른 관점으로 고차방정식을 1차방정식으로 변환해서 풀다

그림 6-1 라그랑주 초상화

라그랑주(Joseph-Louis Lagrange, 1736-1813)는 다른 연구가 끝나고 한가할 때, 방정식에 관해서 여러 자료들을 살펴보았다. 타르탈리아, 카르다노 그리고 페라리가 3차방정식과 4차방정식의 해법을 알아낸 후 라르랑주는 다른 사람들이 5차 이상의 고차 방정식의 해법도 발견할 것이라고 생각했다. 따라서 라그랑주는 그것에 매달리기보단 다른 분야에서 성과를 내는 것이 유리하다고 생각했다. 그러나 정복될 것 같은 5차방정식의 해법은 아직까지 나오지 않고 있다. 그럼 자신이 한 번 도전해보자라고 생각했다. 라그랑주는 페라리 이후에 많은 수학자와 철학자들의 방정식의 해법에 관련된 논문이나 저서를 분석해 보았다. 그리고 먼저 타르탈리아와 페라리가 발견한 해법을 자세히 살펴보았다. 왜 2차, 3차, 4차방정식은 풀리는지 아는 것이 중요하다.

먼저 2차방정식을 살펴보자.

2차방정식 $x^2+bx+c=0$ 근을 구하는 방법은 근의 공식을 이용하면

$$x = \frac{-b \pm \sqrt{b^2-4c}}{2}$$

를 이용하면 된다. 그런데 이 공식은 2차방정식의 근을 방정식의 계수들과 사칙연산으로 표현하고 있다. 2차방정식을 구하는 다른 방법은 근과 계수의 관계를 이용하는 방법이다.

먼저 α와 β를 두 근으로 하는 2차방정식은

$$(x-\alpha)(x-\beta) = 0$$

이다. 전개해서 차수별로 정리하면,

$$x^2 - (\alpha+\beta)x + \alpha\beta = 0$$

가 된다. 그럼 근과 계수의 관계에서

$$\alpha + \beta = -b \quad \cdots \quad (1)$$

가 된다. 그럼 α와 β로 이루어진 다른 1차방정식이 있으면 이 2개의 1차방정식을 이용해서 α와 β를 구할 수 있을 것이다. 그 식은 $\alpha - \beta$가 될 수 있다. $\alpha - \beta$를 2차방정식의 계수들로 나타내보자.

$$(\alpha-\beta)^2 = \alpha^2 - 2\alpha\beta + \beta^2$$

$\alpha + \beta$와 $\alpha\beta$로 표현해보면

$$(\alpha-\beta)^2 = \alpha^2 - 2\alpha\beta + \beta^2 = \alpha^2 + 2\alpha\beta + \beta^2 - 4\alpha\beta$$
$$= (\alpha+\beta)^2 - 4\alpha\beta$$

가 된다. 그럼

$$(\alpha-\beta)^2 = b^2 - 4c$$

가 된다. 정리하면

$$\alpha - \beta = \pm \sqrt{b^2 - 4c} \quad \cdots \text{ (2)}$$

가 된다.

(1)과 (2)식을 연립해서 풀면 2차방정식의 근의 공식을 구할 수 있다. 즉 2차방정식을 근과 계수의 관계에 의해서 α와 β로 이루어진 1차방정식으로 만들어서 풀면 근을 구할 수 있다. 그럼 두 근 α와 β의 우측 항은 근호와 숫자 그리고 사칙연산으로 이루어지므로 자연적으로 근의 공식을 얻을 수 있는 것이다. 그럼 3차방정식에도 적용해보자. 먼저 3차방정식의 근을 구하는 방법은 $x^3 + px + q = 0$ (p와 q는 유리수)에서 x의 계수에 대해서 먼저

$$u^3 + v^3 = -q$$

$$u^3 v^3 = \left(-\frac{p}{3}\right)^3$$

을 만들 수 있다. 두 식을 이용해서 2차방정식

$$t^2 + qt - \frac{p^3}{27} = 0$$

을 풀어서 u^3와 v^3를 먼저 구한다. 그리고 각각의 u와 v의 세제곱근을 구한 후, α, β, γ를 구하면

$$\alpha = u + v$$
$$\beta = \omega^2 u + \omega v$$
$$\gamma = \omega u + \omega^2 v$$

이다.

$x^3 + px + q = 0$ (p와 q는 유리수)에서 x의 계수에 대해서 D를 이용해서 3개의 근을 구하는 방법은

$$D = \sqrt[3]{-\frac{q}{2} + \sqrt{\frac{q^2}{4} + \frac{p^3}{27}}}, \quad \overline{D} = \sqrt[3]{-\frac{q}{2} - \sqrt{\frac{q^2}{4} + \frac{p^3}{27}}}$$ 라고 하면

$$\alpha = D + \overline{D}$$
$$\beta = D\omega + \overline{D}\omega^2$$
$$\gamma = D\omega^2 + \overline{D}\omega$$

이다. 정리해보면, 첫 번째 단계는 3차방정식은 u^3와 v^3을 근으로 하는 2차방정식을 만들어서 u^3와 v^3를 먼저 구한다.

두번째 단계는 u와 v의 세 제곱근 3개를 구한 후에 $uv = -\dfrac{p}{3}$의 관계를 이용해서 3개의 근을 구하면 된다.

이번에는 반대로 3차방정식의 3개의 근

$$\alpha = u + v \quad \cdots (3)$$
$$\beta = \omega^2 u + \omega v \quad \cdots (4)$$
$$\gamma = \omega u + \omega^2 v \quad \cdots (5)$$

를 이용해서 세 근 α, β, γ를 변수로 하는 1차방정식을 만들어 보자. 먼저 우변에 대해서 정리하자. v를 없애기 위해서 식 (3)과 식 (5)에 차례대로 ω^2와 ω를 곱해서 정리하자.

$$\omega^2 \alpha = \omega^2 u + \omega^2 v \quad \cdots (6)$$
$$\beta = \omega^2 u + \omega v \quad \cdots (7)$$
$$\omega \gamma = \omega^2 u + \omega^3 v \quad \cdots (8)$$

(6), (7), (8)을 더해서 정리하면

$$\omega^2 \alpha + \beta + \omega \gamma = 3(\omega^2 u) + (\omega^2 v + \omega^3 v + \omega v) \quad \cdots (9)$$

$(\omega^2 v + \omega^3 v + \omega v) = \omega v(1 + \omega + \omega^2)$에서 $1 + \omega + \omega^2 = 0$이므로 v는 없어진다. (ω는 $x^3 = 1$의 근이므로 $\omega^3 - 1 = (\omega - 1)(\omega^2 + \omega + 1) = 0$이 된다.)

식 (9)를 정리하면

$$3(\omega^2 u) = \omega^2 \alpha + \beta + \omega \gamma$$

다시 u에 대해서 정리하면

$$u = \frac{1}{3}\left(\alpha + \frac{1}{\omega^2}\beta + \frac{1}{\omega}\gamma\right)$$

가 된다. $\omega \cdot \omega^2 = 1$을 이용해서 다시 정리하면

$$u = \frac{1}{3}(\alpha + \omega\beta + \omega^2\gamma) \cdots (10)$$

이 된다.

동일한 과정으로 v에 대해서 근들을 정리하면

$$v = \frac{1}{3}(\alpha + \omega^2\beta + \omega\gamma) \cdots (11)$$

가 된다.

다른 하나의 근들의 1차방정식은 3차방정식 $x^3 + px + q = 0$에서

$$\alpha + \beta + \gamma = 0 \cdots (12)$$

을 얻을 수 있다.

따라서 3차방정식도 (10), (11), (12)의 α, β, γ에 대한 1차방정식을 이용해서 각각의 근을 구할 수 있다.

3개의 방정식을 정리해서 각각의 근을 구해보자.

$$\alpha + \omega\beta + \omega^2\gamma = 3u \cdots (13)$$
$$\alpha + \omega^2\beta + \omega\gamma = 3v \cdots (14)$$
$$\alpha + \beta + \gamma = 0 \qquad \cdots (15)$$

먼저 α를 없애기 위해서 (13)−(14)와 (14)−(15)를 계산하자.

$$(13)-(14) = (\omega - \omega^2)\beta + (\omega^2 - \omega)\gamma = 3(u-v) \cdots (16)$$
$$(14)-(15) = (\omega^2 - 1)\beta + (\omega - 1)\gamma = 3v \qquad \cdots (17)$$

식 (16)을 $(\omega^2 - \omega)$으로 나누고, 식 (17)을 $(\omega - 1)$로 나눈 후 정리하면

$$-\beta+\gamma=\frac{3}{\omega^2-\omega}(u-v) \quad \cdots \ (18)$$

$$(\omega+1)\beta+\gamma=\frac{3v}{\omega-1} \quad \cdots \ (19)$$

(18), (19)에서 γ를 소거한 후, β를 구하면

$$\beta=\frac{3[(\omega+1)v-u]}{\omega(\omega-1)(\omega+2)} \quad \cdots \ (20)$$

식 (20)의 β를 식 (19)에 대입하면 γ를 구할 수 있다. 다시 β와 γ를 식 (15)에 대입하면 α를 구할 수 있다.

즉 α, β, γ를 계수들의 근호, 유리수, 사칙연산으로 표현할 수 있다.

이번에는 4차방정식을 해결해보자.

일반적인 4차방정식 $x^4+ax^3+bx^2+cx+d=0$은 처음부터 x^3이 없는 $X^4+pX^2+qX+r=0$ (p, q, r은 유리수)로 변환 후, 다시 s^2, t^2, u^2를 근으로 하는 3차방정식으로 변환할 수 있다.

3차방정식으로 만들어보면

$$(y-s^2)(y-t^2)(y-u^2)=0$$

전개하면

$$y^3-(s^2+t^2+u^2)y^2+(s^2t^2+t^2u^2+u^2s^2)y-s^2t^2u^2=0$$

원래 4차방정식의 계수들로 대체하면

$$y^3+\frac{p}{2}y^2+\left(\frac{p^2}{16}-\frac{r}{4}\right)y-\frac{q^2}{64}=0$$

이 된다.

그럼 먼저 s^2, t^2, u^2를 근으로 하는 3차방정식을 먼저 푼 후, 다음 식을 이용해서 각각의 s, t, u를 조합해서 4개의 근을 구하면 된다.

$$s^2 + t^2 + u^2 = -\frac{p}{2} \quad \cdots \ (21)$$

$$s^2 t^2 + t^2 u^2 + u^2 s^2 = \frac{p^2}{16} - \frac{r}{4} \quad \cdots \ (22)$$

$$s^2 t^2 u^2 = \left(-\frac{q}{8}\right)^2 \quad \cdots \ (23)$$

그럼 먼저 3차방정식 근의 공식을 이용해서 s^2, t^2, u^2을 구해보자. (4차방정식의 근에 u가 쓰이므로, u와 v 대신에 e와 f를 사용했다.)

$$s^2 = e + f \quad \cdots \ (24)$$
$$t^2 = \omega^2 e + \omega f \quad \cdots \ (25)$$
$$u^2 = \omega e + \omega^2 f \quad \cdots \ (26)$$

(24), (25), (26)을 이용해서 s^2, t^2, u^2으로 e와 f를 나타내 보자. 먼저 3차방정식의 근과 계수의 관계에서 s^2, t^2, u^2을 더하면 0이 되므로 3개의 1차방정식을 다음과 같다.

$$s^2 + \omega t^2 + \omega^2 u^2 = 3e \quad \cdots \ (27)$$
$$s^2 + \omega^2 t^2 + \omega u^2 = 3f \quad \cdots \ (28)$$
$$s^2 + t^2 + u^2 = 0 \quad \cdots \ (29)$$

(27), (28), (29)을 조합해서 풀면

$$(27)-(28) = (\omega - \omega^2)t^2 + (\omega^2 - \omega)u^2 = 3(e - f) \quad \cdots \ (30)$$
$$(28)-(29) = (\omega^2 - 1)t^2 + (\omega - 1)u^2 = 3f \quad \cdots \ (31)$$

식 (30)을 $(\omega^2 - \omega)$로 나누고, 식 (31)을 $(\omega - 1)$로 나눈 후, 두 식을 연립해서 u^2을 소거하면 t^2을 구할 수 있다.

$$t^2 = \frac{3[(\omega+1)f - e]}{\omega(\omega-1)(\omega+2)}$$

식 (31)의 양변을 $(\omega - 1)$로 나눈 후 정리해서 t^2을 대입하면 u^2을 구할 수 있다.
$$u^2 = -(\omega+1)t^2 + \frac{3f}{\omega-1} = \frac{3[(\omega+1)e-f]}{\omega(\omega-1)(\omega+2)}$$

식 (29)에 t^2과 u^2을 대입하면 s^2을 구할 수 있다.
$$s^2 = -(t^2+u^2) = \frac{-3(f+e)}{(\omega-1)(\omega+2)}$$

식 (23)에서 $stu = -\frac{q}{8}$의 관계가 있으므로
$$stu = s(-t)(-u) = (-s)t(-u) = (-s)(-t)u$$

의 4가지 경우이다. 이 값들로 조합을 해서 4개의 근을 구하면

$$\alpha = s+t+u \quad \cdots (32)$$
$$\beta = s-t-u \quad \cdots (33)$$
$$\gamma = -s+t-u \quad \cdots (34)$$
$$\delta = -s-t+u \quad \cdots (35)$$

따라서 식 (32)에서 식 (35)에 의해서 α, β, γ, δ는 s, t, u로 다시 대체되므로 근호와 숫자들의 사칙연산으로 표현할 수 있다.

결과적으로 2차, 3차, 4차방정식은 근들에 대한 1차방정식으로 환원해서 근호와 숫자들의 사칙연산으로 표현할 수 있다.

그럼 5차방정식은 5개의 근에 대해서 5개의 1차방정식으로 변환해서 구하면 될 것이다.

$x^5 - 2x^4 + x - 2 = 0$와 같은 5차방정식은 $(x-1)(x^4+1) = 0$으로 인수분해되므로 쉽게 근들을 구할 수 있다. 5차방정식도 낮은 차수로 변환이 가능하면 근들을 구할 수 있다. 더구나 모든 고차방정식에 대해서 필요하면 근사적으로 모든 근을 구할 수 있다. 그러나 $x^5 - 6x + 3 = 0$처럼 인수분해가 되지 않는 5차방정식에 적용되는 근을 구하는 공통적인 방법이 있느냐는 것이다. **근을 근사적으로 구하는 것과 근을 구하는 공식이 있느냐는 완전히 다른 문제이다.**

따라서 라그랑주가 생각한 방법은 3차, 4차방정식은 근의 공식이 있기 때문에 1차방정식으로 변환해서 풀 수 있었다. 그럼 5차방정식도 미리 근의 공식이 있어야 한다. **아니면 적어도 근들 사이의 일정한 규칙이 있어야 한다.**

라그랑주가 이 방법으로 방정식을 풀 수 있는가를 시도했을 때, 문득 든 생각이 기존의 다른 수학자들이 5차방정식의 해법을 찾으려고 했거나 라그랑주가 지금 5차방정식의 해법을 찾으려고 했던 시도는 모두 실패했다. 그러나 **누구도 왜 실패했는지에 대해서는 의문을 품지 않았다.** 이유는 여러 가지가 있겠지만 내 나름대로의 생각으로는 라그랑주를 포함한 이전 수학자들은 **기존 틀에서 문제를 해결하려고 했다.** 그러나 기존의 근을 계수나 수식으로 계산하는 방법으로는 해결되지 않는다. 그럼 문제를 다른 관점으로 바라보아야 한다. 라그랑주의 관점도 물론 실패했다. 그러나 **문제를 해결하려면 이전과는 다른 관점이 필요하다는 중요한 성과를 얻었다.** 라그랑주의 이런 성과를 이용해서 누군가는 5차방정식의 해법을 찾을 수 있을 것이다.

연습문제

1. 식 (20)을 이용해서 α와 γ를 거듭 제곱근과 숫자들의 사칙연산으로 표현하시오.

2. 식 (27)~(29)을 이용해서 s^2, t^2, u^2을 거듭 제곱근과 숫자들의 사칙연산으로 표현하시오.

3. 식 (32)~(35)를 이용해서 α, β, γ, δ를 거듭 제곱근과 숫자들의 사칙연산으로 표현하시오.

4. 다음 5차방정식을 풀어보시오.
    (1) $(x-3)(x^4-1)=0$
    (2) $x^5 - 3x^4 + 4x^3 - 12x^2 + 4x - 12 = 0$

7
갈루아, 3차방정식의 근들의 규칙성을 연구하다

그림 7-1 15세 무렵에 친구가 그린 갈루아 초상화

나(Évariste Galois, 1811-1832)는 라그랑주 선생님의 논문을 보았을 때, 5차방정식의 해법에 도전해보고 싶었다. 고맙게도 라그랑주 선생님은 자신의 다른 관점으로 방정식의 해법을 찾는 과정을 논문으로 남겨주셨다. 비록 선생님께선 5차방정식의 해법을 찾는 것에는 실패했지만 나를 포함해서 여러 사람들에게 5차방정식의 해법을 다른 관점으로 접근하는 방법을 알려주었다. **내 생각엔 이제 더 이상 기존의 계산 방식으로 해법을 찾는 것은 불가능한 것 같다.** 그럼 내가 라그랑주 선생님의 연구 결과를 좀 더 분석해서 놓쳤던 부분을 찾아보자.

라그랑주 선생님의 관점은 고차방정식의 근들로 이루어진 1차방정식으로 표현해서 각각의 근들을 방정식의 계수와 근호 그리고 사칙연산으로 표현하자는 의도이다.

먼저 2차방정식을 살펴보면 $x^2 + bx + c = 0$의 두 근을 α, β라 하면

$$(x - \alpha)(x - \beta) = 0$$

이 된다. 전개해서 차수별로 정리하면

$$x^2 - (\alpha + \beta)x + \alpha\beta = 0$$

이 된다. 그럼 근과 계수의 관계에서

$$\alpha + \beta = -b \cdots (1)$$

가 된다. 그럼 α, β로 이루어진 또 다른 1차방정식이 있으면 2개의 1차방정식을 이용해서 α와 β를 구할 수 있을 것이다. 다른 1차방정식은 $\alpha - \beta$가 될 수 있다. $\alpha - \beta$를 2차방정식 계수로 나타내 보자.

$$(\alpha - \beta)^2 = \alpha^2 - 2\alpha\beta + \beta^2$$
$$= \alpha^2 + 2\alpha\beta + \beta^2 - 4\alpha\beta$$
$$= (\alpha + \beta)^2 - 4\alpha\beta$$

가 된다. 그럼

$$(\alpha - \beta)^2 = b^2 - 4c$$

가 된다. 정리하면

$$\alpha - \beta = \pm\sqrt{b^2 - 4c} \cdots (2)$$

가 된다. 따라서 (1)과 (2)식을 연립해서 풀면 2차방정식의 해를 구할 수 있다. 그럼 이번에는 3차방정식을 라그랑주 방법으로 풀어보자.

$x^3 + px + q = 0$ (p와 q는 유리수)에서 x의 계수에 대해서 먼저

$$u^3 + v^3 = -q$$

$$u^3 v^3 = \left(-\frac{p}{3}\right)^3$$

을 만들 수 있다. 두 식을 이용해서 2차방정식

$$t^2 + qt - \frac{p^3}{27} = 0$$

을 풀어서 u^3와 v^3를 먼저 구한다. 그리고 각각의 u와 v의 세제곱근을 구한 후, α, β, γ를 구하면

$$\alpha = u + v \quad \cdots \text{ (3)}$$
$$\beta = \omega^2 u + \omega v \quad \cdots \text{ (4)}$$
$$\gamma = \omega u + \omega^2 v \quad \cdots \text{ (5)}$$

이다.

정리해보면, 첫 번째 단계는 3차방정식은 u^3와 v^3을 근으로 하는 2차방정식을 만들어서 u^3와 v^3의 근을 먼저 구한다.

두 번째 단계는 u와 v의 세제곱근 3개를 구한 후, $uv = -\frac{p}{3}$의 관계를 이용해서 3개의 근을 구하면 된다.

그럼 이번에는 (3), (4), (5)식을 이용해서 3개의 1차방정식을 만들어보자. 먼저 우측의 u에 대해서 정리하자. v를 없애기 위해서 (3), (5)식에 차례대로 ω^2, ω를 곱해서 정리하자.

$$\omega^2 \alpha = \omega^2 u + \omega^2 v \quad \cdots \text{ (6)}$$
$$\beta = \omega^2 u + \omega v \quad \cdots \text{ (7)}$$
$$\omega \gamma = \omega^2 u + \omega^3 v \quad \cdots \text{ (8)}$$

(6), (7), (8)을 더해서 정리하면

$$\omega^2 \alpha + \beta + \omega \gamma = 3(\omega^2 u) + (\omega^2 v + \omega^3 v + \omega v) \quad \cdots \text{ (9)}$$

$(\omega^2 v + \omega^3 v + \omega v) = \omega v(1 + \omega + \omega^2)$에서 $1 + \omega + \omega^2 = 0$이므로 v는 없어진다. (ω는 $x^3 = 1$의 근이므로 $\omega^3 - 1 = (\omega - 1)(\omega^2 + \omega + 1) = 0$이 된다.)

식 (9)를 정리하면

$$3(\omega^2 u) = \omega^2 \alpha + \beta + \omega\gamma$$

다시 u에 대해서 정리하면

$$u = \frac{1}{3}\left(\alpha + \frac{1}{\omega^2}\beta + \frac{1}{\omega}\gamma\right)$$

가 된다. $\omega \cdot \omega^2 = 1$을 이용해서 다시 정리하면

$$u = \frac{1}{3}(\alpha + \omega\beta + \omega^2\gamma) \cdots (10)$$

이 된다.

동일한 과정으로 v에 대해서 근들을 정리하면

$$v = \frac{1}{3}(\alpha + \omega^2\beta + \omega\gamma) \cdots (11)$$

가 된다.

다른 하나의 근들의 1차방정식은 3차방정식 $x^3 + px + q = 0$에서

$$\alpha + \beta + \gamma = 0 \cdots (12)$$

을 얻을 수 있다.

따라서 3차방정식도 (10), (11), (12)의 α, β, γ에 대한 1차방정식을 이용해서 각각의 근을 구할 수 있다.

3개의 방정식을 정리해서 각각의 근을 구해보자.

$$\alpha + \omega\beta + \omega^2\gamma = 3u \cdots (13)$$
$$\alpha + \omega^2\beta + \omega\gamma = 3v \cdots (14)$$
$$\alpha + \beta + \gamma = 0 \qquad \cdots (15)$$

α, β, γ로 이루어진 3개의 1차방정식을 정리하면 (13), (14), (15)가 된다. (13), (14)식을 을 u와 v에 대해서 정리해보면

$$u = \frac{1}{3}(\alpha + \omega\beta + \omega^2\gamma)$$

$$v = \frac{1}{3}(\alpha + \omega^2\beta + \omega\gamma)$$

$\frac{1}{3}$은 상수이므로 생략해서 정리하면

$$\alpha + \omega\beta + \omega^2\gamma = u$$
$$\alpha + \omega^2\beta + \omega\gamma = v$$

가 된다.

3차방정식의 세 근은 $u+v$, $\omega^2 u + \omega v$, $\omega u + \omega^2 v$ 이므로 각각의 근을 구하면 다음과 같다.

표 7-1 u와 v로 3차방정식의 세 근 표현하기

$u+v$	$(\alpha+\omega\beta+\omega^2\gamma)+(\alpha+\omega^2\beta+\omega\gamma)$
$\omega^2 u + \omega v$	$\omega^2(\alpha+\omega\beta+\omega^2\gamma)+\omega(\alpha+\omega^2\beta+\omega\gamma)$
$\omega u + \omega^2 v$	$\omega(\alpha+\omega\beta+\omega^2\gamma)+\omega^2(\alpha+\omega^2\beta+\omega\gamma)$

라그랑주 선생님의 연구 결과는 방정식의 근의 해법을 구할 때 더 이상 기존의 관점으로는 해결할 수 없다는 것이었다. 그럼 어떤 방법이 있을까? 나는 며칠 동안 종이에 이 3개의 1차방정식을 여러 가지 방법으로 변형시켜 보았다. 그러나 좀처럼 길이 보이지 않았다. 그리고 다시 자리에 앉아서 3개의 1차방정식을 조작해 보고 있었다. 문득 생각난 방법이 $u+v$는 $\omega^2 u + \omega v$와 같은 방정식의 근이니 $(\alpha+\omega\beta+\omega^2\gamma)+(\alpha+\omega^2\beta+\omega\gamma)$와 $\omega^2(\alpha+\omega\beta+\omega^2\gamma)+\omega(\alpha+\omega^2\beta+\omega\gamma)$도 공통적인 특징이 있을 것이다. 우선 $\omega^2(\alpha+\omega\beta+\omega^2\gamma)+\omega(\alpha+\omega^2\beta+\omega\gamma)$를 전개해보자.

이 식은 $(\alpha+\omega\beta+\omega^2\gamma)$와 $(\alpha+\omega^2\beta+\omega\gamma)$에 ω^2와 ω를 곱한 것이다. 각각 계산해보자.

$$\omega^2(\alpha+\omega\beta+\omega^2\gamma)=\omega^2\alpha+\omega^3\beta+\omega^4\gamma$$

ω^3은 1이 되므로 다시 정리하면

$$\omega^2\alpha+\omega^3\beta+\omega^4\gamma=\omega^2\alpha+\beta+\omega\gamma$$

다시 ω의 차수별로 정리하면

$$\beta+\omega\gamma+\omega^2\alpha$$

가 된다.

$\omega(\alpha+\omega^2\beta+\omega\gamma)$도 정리하면

$$\omega(\alpha+\omega^2\beta+\omega\gamma)=\omega\alpha+\omega^3\beta+\omega^2\gamma$$
$$=\beta+\omega\alpha+\omega^2\gamma$$

따라서

$$\omega^2(\alpha+\omega\beta+\omega^2\gamma)+\omega(\alpha+\omega^2\beta+\omega\gamma)=(\beta+\omega\gamma+\omega^2\alpha)+(\beta+\omega\alpha+\omega^2\gamma)$$

가 된다. 그런데 잘 생각해보면 3차방정식의 세 근은 u와 v에 ω^2과 ω를 곱한 후 각자 더한 것이다. 6가지 경우를 정리해보면 다음과 같이 표현할 수 있다.

표 7-2 세 근을 v와 u의 조합으로 나타내기

$(\alpha+\omega\beta+\omega^2\gamma)=u$	$(\alpha+\omega^2\beta+\omega\gamma)=v$
$\omega^2(\alpha+\omega\beta+\omega^2\gamma)=\omega^2 u$	$\omega(\alpha+\omega^2\beta+\omega\gamma)=\omega v$
$\omega(\alpha+\omega\beta+\omega^2\gamma)=\omega u$	$\omega^2(\alpha+\omega^2\beta+\omega\gamma)=\omega^2 v$

그런데 표 7-2에서 좌측의 u와 관련된 식에서 $\omega^2(\alpha+\omega\beta+\omega^2\gamma)=\omega^2 u$을 전개해서 정리하면

$$\beta+\omega\gamma+\omega^2\alpha=\omega^2 u$$

가 된다.

$\omega(\alpha+\omega\beta+\omega^2\gamma)=\omega u$도 전개해서 정리하면

$$\gamma + \omega\alpha + \omega^2\beta = \omega u$$

가 된다. 우측의 3개의 식도 전개해서 정리하면 다음 표와 같이 된다.

표 7-3 α, β, γ로 이루어진 6개의 표현식

$\alpha + \omega\beta + \omega^2\gamma = u$	①	$\alpha + \omega\gamma + \omega^2\beta = v$	②
$\beta + \omega\gamma + \omega^2\alpha = \omega^2 u$	③	$\beta + \omega\alpha + \omega^2\gamma = \omega v$	④
$\gamma + \omega\alpha + \omega^2\beta = \omega u$	⑤	$\gamma + \omega\beta + \omega^2\alpha = \omega^2 v$	⑥

결국 3차방정식의 근은 표 7-3의 모든 수식을 조합한 결과이다. 수식으로 표현하니 잘 와닿지 않는다. 그럼 이 결과를 3차방정식의 모든 근를 나타내는 그림으로 표현해보자. 생각을 그림으로 표현하면 좀더 명확해진다.

그림 7-2 3차방정식의 모든 근을 표현한 그림

내 나름대로 3차방정식의 모든 근을 그림으로 표현했다. 먼저 표 7-3의 색깔별로 3개의 식을 u와 v로 나누어서 위치시킨다. 그리고 다시 점선으로 실제 3차방정식의 근을 서로 묶은 것이다.

이것으로는 부족한 것 같다. 3차방정식의 근을 표현할 수 있는 또 다른 일반적인 방법이 없을까? **3차방정식의 근을 표현하는 일반적인 방법을 알면 그것을 그대로 고차방정식에도 적용하면 될 것이다.** 그러나 잘 보이지 않는다.

나는 며칠 동안 생각을 거듭했다. 그리고 한 달 정도 지났을 때, 나는 친구와 같이 시장 구경을 할 일이 있었다.

그런데 러시아 상인이 이상하고 신기한 걸 팔고 있었다. 인형인 것 같은데 양파처럼 인형 안에 또 다른 인형이 나오지 않는가? 그것으로 끝이 아니라 더 작은 인형이 계속 나온다. 이것이 무엇이냐고 물어보니, 러시아의 전통인형이며 이름은 '미트료시카'라고 말했다. 나는 처음 보는 것이라 신기해서 한 개를 구입해서 집으로 돌아왔다.

그림 7-3 러시아 전통인형 미트료시카

집에 돌아와서 쉬는데 문득 내가 그린 3차방정식의 그림도 '미트료시카' 구조와 비슷하다는 생각을 했다. 이어서 든 생각이 3차방정식의 근들의 공통적인 규칙성을 발견한다면 그것을 그대로 고차방정식에도 미트료시카처럼 되지 않을까 하는 생각이 들었다.

그리고는 이내 피곤해서 잠이 들어서 아침까지 잤다. 그리고 다시 여느 때와 같이 책상 앞에 앉아서 내가 만든 표와 그림을 뚫어지게 바라보았다. 어떻게 규칙성을 찾을 수 있을까 생각하면서 표 7-3을 계속 바라보았다. 그런데 자세히 보니 ①, ③, ⑤를 곱하면 $u \cdot \omega u \cdot \omega^2 u = u^3$가 된다. 즉

$$(\alpha + \omega\beta + \omega^2\gamma)(\beta + \omega\gamma + \omega^2\alpha)(\gamma + \omega\alpha + \omega^2\beta) = u^3 \cdots (16)$$

동일하게 ②, ④, ⑥도 곱해서 정리하면

$$(\alpha + \omega\gamma + \omega^2\beta)(\beta + \omega\alpha + \omega^2\gamma)(\gamma + \omega\beta + \omega^2\alpha) = v^3 \cdots (17)$$

가 된다.

(16)과 (17)에서 어떤 공통점을 찾을 수 있을까? 곰곰이 생각해보자. 일단 생각나는 대로 특징들을 나열해보자.

(16)부터 살펴보면 $(\alpha+\omega\beta+\omega^2\gamma)$와 $(\beta+\omega\gamma+\omega^2\alpha)$와 $(\gamma+\omega\alpha+\omega^2\beta)$의 곱은 u^3이 되어서 상수가 된다. 그리고 $(\alpha+\omega\beta+\omega^2\gamma)$와 $(\beta+\omega\gamma+\omega^2\alpha)$의 차이점은 α가 β가 되고, β가 γ가 되고, γ가 α로 대체되는 것과 같다. $(\alpha+\omega\beta+\omega^2\gamma)$와 $(\gamma+\omega\alpha+\omega^2\beta)$의 차이점은 α가 γ가 되고, β가 α가 되고, γ가 β가 된다.

그럼 ①, ③, ⑤를 곱한 결과에 대해서 $\alpha\to\beta$, $\beta\to\gamma$, $\gamma\to\alpha$로 바꾸면 결과가 어떤지 알아보자.

$$(\alpha+\omega\beta+\omega^2\gamma)(\beta+\omega\gamma+\omega^2\alpha)(\gamma+\omega\alpha+\omega^2\beta)=u^3$$

에 적용해보면

$$(\alpha+\omega\beta+\omega^2\gamma)\text{는 } (\beta+\omega\gamma+\omega^2\alpha)\text{가 된다.}$$
$$(\beta+\omega\gamma+\omega^2\alpha)\text{는 } (\gamma+\omega\alpha+\omega^2\beta)\text{가 되고,}$$
$$(\gamma+\omega\alpha+\omega^2\beta)\text{는 } (\alpha+\omega\beta+\omega^2\gamma)\text{가 된다.}$$

바뀐 식들을 다시 곱해서 정리하면

$$(\beta+\omega\gamma+\omega^2\alpha)(\gamma+\omega\alpha+\omega^2\beta)(\alpha+\omega\beta+\omega^2\gamma)$$

이 되어서 원래의 식 (16)

$$(\alpha+\omega\beta+\omega^2\gamma)(\beta+\omega\gamma+\omega^2\alpha)(\gamma+\omega\alpha+\omega^2\beta)$$

과 같게 된다.

즉, ①, ③, ⑤의 곱은 $\alpha\to\beta$, $\beta\to\gamma$, $\gamma\to\alpha$ 대해서 그 값이 변하지 않는다.
그럼 ②, ④, ⑥의 곱에 대해서도 $\alpha\to\beta$, $\beta\to\gamma$, $\gamma\to\alpha$를 적용해보자.

$$(\alpha+\omega\gamma+\omega^2\beta)\to(\beta+\omega\alpha+\omega^2\gamma)$$
$$(\beta+\omega\alpha+\omega^2\gamma)\to(\gamma+\omega\beta+\omega^2\alpha)$$
$$(\gamma+\omega\beta+\omega^2\alpha)\to(\alpha+\omega\gamma+\omega^2\beta)$$

가 되어서 서로 곱하면
$$(\beta+\omega\alpha+\omega^2\gamma)(\gamma+\omega\beta+\omega^2\alpha)(\alpha+\omega\gamma+\omega^2\beta)$$
가 되어서 원래 식 (17)과 동일하게 된다.

그럼 값이 변하게 하지 않으면서 변환시키는 다른 변환이 더 있을까? $\alpha\to\gamma$, $\beta\to\alpha$, $\gamma\to\beta$를 하면 값이 변하지 않는다. ①, ③, ⑤의 곱에 적용해보면

$$(\alpha+\omega\beta+\omega^2\gamma)\to(\gamma+\omega\alpha+\omega^2\beta)$$
$$(\beta+\omega\gamma+\omega^2\alpha)\to(\alpha+\omega\beta+\omega^2\gamma)$$
$$(\gamma+\omega\alpha+\omega^2\beta)\to(\beta+\omega\gamma+\omega^2\alpha)$$

역시 변환된 결과를 곱하면 처음과 같은 u^3이 된다. 그럼 ②, ④, ⑥의 곱에 대해서도 동일하게 v^3이 되어서 변하지 않는다. 그 외 α, β, γ의 세 근을 변환해서 얻을 수 있는 경우는 6가지인데 다른 변환은 원래의 값이 유지되지 않는다. 그리고 u^3+v^3와 u^3v^3도 역시 두 변환에 대해서 값이 변경되지 않고 유지된다. u^3+v^3와 u^3v^3는 3차방정식을 푸는 과정에서 쓰이는 2차방정식의 계수들로 만들어지는 식이다.

그럼 정리를 해보면 3차방정식의 세 근을 α, β, γ라고 했을 때, 먼저 $(\alpha+\omega\gamma+\omega^2\beta)$와 $(\alpha+\omega\beta+\omega^2\gamma)$를 세제곱한 식, 즉 u^3와 v^3를 두 근으로 가지는 2차방정식의 구조를 이루는데, 이 2차방정식의 계수(u^3+v^3와 u^3v^3)는 $\alpha\to\beta$, $\beta\to\gamma$, $\gamma\to\alpha$와 $\alpha\to\gamma$, $\beta\to\alpha$, $\gamma\to\beta$의 변환에 대해서 그 값이 변하지 않는다. 그리고 각각의 u^3와 v^3도 역시 두 가지 변환에 대해서 값이 변하지 않는다는 특징이 있다.(변환을 해도 원래의 식과 동일하게 되는 경우를 대칭이라고 하고, 그 식을 대칭식이라고 한다.)

일단 이 특징이 대칭의 관점에서 근의 공식을 가지는 3차방정식에서 보이는 규칙성이다. 이것은 마치 '미트료시카' 인형처럼 첫번째 인형에 해당되는 2차방정식 안에 또 다른 인형에 해당되는 3차방정식이 있는 구조와 비슷하다.

그럼 왜 변환을 해도 값이 변하지 않을까?

$$(\alpha+\omega\beta+\omega^2\gamma)(\beta+\omega\gamma+\omega^2\alpha)(\gamma+\omega\alpha+\omega^2\beta)=u^3$$

에서 우측의 u^3은 상수이다. 즉 다음처럼 3차방정식의 계수와 유리수와 근호로 표현을 할 수 있다는 의미이다.

$$u=\sqrt[3]{-\frac{q}{2}+\sqrt{\frac{q^2}{4}+\frac{p^3}{27}}},\quad v=\sqrt[3]{-\frac{q}{2}-\sqrt{\frac{q^2}{4}+\frac{p^3}{27}}}$$

3차방정식의 근과 계수의 관계를 보면

$$(x-\alpha)(x-\beta)(x-\gamma)=0$$

을 전개해서 정리하면,

$$x^3-(\alpha+\beta+\gamma)x^2+(\alpha\beta+\beta\gamma+\gamma\alpha)x-\alpha\beta\gamma=0$$

이 된다.

따라서 일반적인 3차방정식 $x^3+ax^2+bx+x=0$의 각각의 계수들은

$$a=-(\alpha+\beta+\gamma)$$
$$b=(\alpha\beta+\beta\gamma+\gamma\alpha)$$
$$c=-\alpha\beta\gamma$$

가 된다. $\alpha+\beta+\gamma$, $\alpha\beta+\beta\gamma+\gamma\alpha$, $\alpha\beta\gamma$는 두 가지 변환에 대해서 값이 변경되지 않는다.(방정식의 계수를 이루는 식이면서 근의 변환에 대해서 값이 불변인 식을 **기본 대칭식**이라고 한다.)

그런데 u^3, v^3, u^3+v^3, u^3v^3 같은 식도 $\alpha+\beta+\gamma$, $\alpha\beta+\beta\gamma+\gamma\alpha$, $\alpha\beta\gamma$ 으로 표현할 수 있으므로 두 가지 변환에 대해서 값이 변하지 않는다. (이런 식을 대칭식이라고 한다.)

그럼 3차방정식에는 3개의 근이 있으므로 변환 가능한 경우는 6가지인데 이 6개의 변환이 방정식의 근과의 어떤 관계가 있는 것은 아닐까? 일단 기존에 갔던 길이 아닌 것은 확실하니 한 번 확인해볼 필요가 있다.

먼저 3차방정식의 3개의 근에 의한 변환을 치환(permutation)이라고 부르자. 6개의 치환(이하 S_3)은 아래와 같다. 일일이 문자를 쓰기가 불편하므로 α를 1, β를 2, γ를 3으로 표기해서 표현하는 것이 편리하다. 그리고 각각

의 치환 번호를 표기하는 것이 불편하므로 각각의 치환에 대표하는 그리스 문자를 부여하자.(부록 5 참조)

표 7-4 3차방정식의 6개의 근의 치환

근의 치환	치환 방법		치환 기호
$\alpha \to \alpha$, $\beta \to \beta$, $\gamma \to \gamma$	$\begin{pmatrix} 1 & 2 & 3 \\ 1 & 2 & 3 \end{pmatrix}$	(1)	e
$\alpha \to \beta$, $\beta \to \gamma$, $\gamma \to \alpha$	$\begin{pmatrix} 1 & 2 & 3 \\ 2 & 3 & 1 \end{pmatrix}$	$(1\ 2\ 3)$	σ
$\alpha \to \gamma$, $\beta \to \alpha$, $\gamma \to \beta$	$\begin{pmatrix} 1 & 2 & 3 \\ 3 & 1 & 2 \end{pmatrix}$	$(1\ 3\ 2)$	σ^2
$\alpha \to \alpha$, $\beta \to \gamma$, $\gamma \to \beta$	$\begin{pmatrix} 1 & 2 & 3 \\ 1 & 3 & 2 \end{pmatrix}$	$(2\ 3)$	τ
$\alpha \to \gamma$, $\beta \to \beta$, $\gamma \to \alpha$	$\begin{pmatrix} 1 & 2 & 3 \\ 3 & 2 & 1 \end{pmatrix}$	$(1\ 3)$	$\tau\sigma$
$\alpha \to \beta$, $\beta \to \alpha$, $\gamma \to \gamma$	$\begin{pmatrix} 1 & 2 & 3 \\ 2 & 1 & 3 \end{pmatrix}$	$(1\ 2)$	$\tau\sigma^2$

먼저 치환 $\begin{pmatrix} 1 & 2 & 3 \\ 1 & 2 & 3 \end{pmatrix}$ 또는 e는 근들을 변환시키지 않고 자신에게 자신을 위치시키는 것이다.

$\begin{pmatrix} 1 & 2 & 3 \\ 2 & 3 & 1 \end{pmatrix}$은 1을 2로, 2를 3으로, 3을 1로 치환한다. $(1\ 2\ 3)$처럼 한 줄에 쓰면 맨 앞의 1이 다음의 2로, 두 번째 2가 세 번째 3으로, 세 번째 3은 맨 앞의 1로 치환한다는 의미이다.

$\begin{pmatrix} 1 & 2 & 3 \\ 3 & 1 & 2 \end{pmatrix}$은 $(1\ 3\ 2)$로 표현할 수 있다.

$\begin{pmatrix} 1 & 2 & 3 \\ 1 & 3 & 2 \end{pmatrix}$은 1은 변하지 않고 2와 3만 변하므로 $(2\ 3)$처럼 2개만으로 표시할 수 있다.

자, 이렇게 6개의 치환을 정의해놓고 나는 어떤 규칙성을 얻을 수 있을까? 일단 3차방정식의 근에 대해서 치환 시 값을 고정시키는 치환들에 대해서 먼저 생각해보는 것이 좋겠다. 그 치환들은 (1), $(1\ 2\ 3)$, $(1\ 3\ 2)$ 세 가지이다. 먼저 각각의 치환을 연산해보자.

(1)은 변하는 것이 없으니 항상 자기 자신이 된다.

(1 2 3) 한 후, 다시 (1 2 3)으로 치환해보면 (1 2 3)·(1 2 3)가 된다. 그림으로 나타내면 다음과 같다. 결과가 (1 3 2)을 했을 때와 같게 된다. 즉,

$$(1\ 2\ 3) \cdot (1\ 2\ 3) = (1\ 3\ 2)$$

가 된다. 기호로 표시하면

$$\sigma \cdot \sigma = \sigma^2$$

이 된다.

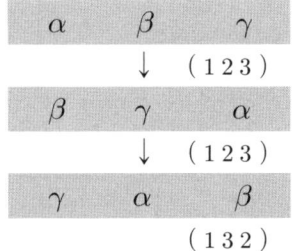

그림 7-4 (1 2 3)·(1 2 3) 치환 연산 결과

그럼 (1 2 3)·(1 2 3)을 한 번 더 (1 2 3) 치환을 하면 어떻게 되는가? 원래의 근의 위치로 되돌아온다. 즉,

$$(1\ 2\ 3) \cdot (1\ 2\ 3) \cdot (1\ 2\ 3) = (1)$$

이 된다. 기호로 표시하면

$$\sigma \cdot \sigma \cdot \sigma = \sigma^3 = e$$

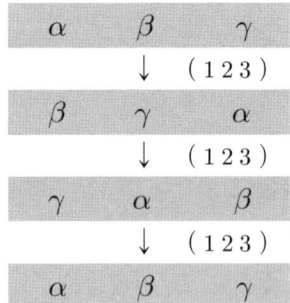

그림 7-5 (1 2 3)·(1 2 3)·(1 2 3) 치환 연산 결과

이번에는 (1 3 2)에 동일한 연산을 적용해보자. (1 2 3)의 연산 결과와 같게 된다. 즉,

$$(1\ 3\ 2) \cdot (1\ 3\ 2) = (1\ 2\ 3)$$

이 된다. 기호로 나타내면

$$\sigma^2 \cdot \sigma^2 = \sigma^4 = \sigma^3 \cdot \sigma = \sigma$$

이다.

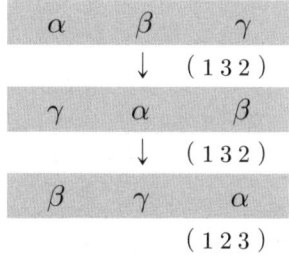

그림 7-6 (1 3 2)·(1 3 2) 치환 연산 결과

동일하게 (1 3 2)·(1 3 2)·(1 3 2)의 결과는 원래대로 돌아오는 (1)이 된다. 기호로 표시하면

$$\sigma^2 \cdot \sigma^2 \cdot \sigma^2 = \sigma^6 = \sigma^3 \sigma^3 = e$$

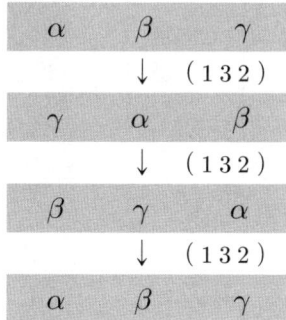

그림 7-7 (1 3 2)·(1 3 2)·(1 3 2) 치환 연산 결과

이번에는 (1 2 3)과 (1 3 2)를 치환 연산을 적용해보자. 그림처럼 결과는 (1)이 된다.

$$(1\ 2\ 3) \cdot (1\ 3\ 2) = (1)$$

기호로 표시하면

$$\sigma \cdot \sigma^2 = \sigma^3 = e$$

이다.

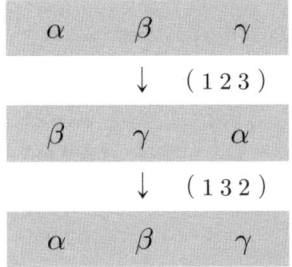

그림 7-8 (1 2 3) · (1 3 2)의 치환 연산 결과

다음 표는 (1), (1 2 3), (1 3 2) 세 가지 치환들에 대한 연산결과이다.

표 7-5 (1), (1 2 3), (1 3 2) 치환 연산 결과표

·	(1)	(1 2 3)	(1 3 2)
(1)	(1)	(1 2 3)	(1 3 2)
(1 2 3)	(1 2 3)	(1 3 2)	(1)
(1 3 2)	(1 3 2)	(1)	(1 2 3)

표 7-6 e, σ, σ^2의 치환 연산 결과표

·	e	σ	σ^2
e	e	σ	σ^2
σ	σ	σ^2	e
σ^2	σ^2	e	σ

결과를 분석해보면 e, σ, σ^2 세 치환은 어느 것을 연산해도 항상 연산 결과는 e, σ, σ^2 중의 하나로 귀결된다. 그리고 각각의 치환은 자신의 치환에 대해서 연산 시 원래의 치환인 e로 귀결하는 다른 치환을 반드시 가진다. (연산에 대해서 닫혀있고 항등원과 역원을 가지고 있는 집합을 군이라고 한다.)

예를 들어, σ에 σ^2을 연산하면 e가 된다. 즉 e, σ, σ^2 서로에 대해서 연산 시 하나의 군을 이룬다.

그럼 예상하건대, 다른 치환들도 그들끼리 군을 이룰 것이다. 먼저 전체 6개의 치환에 대해서 조사해보자.

먼저 e, σ, σ^2 (이하 이 3개의 치환을 A_3라고 부르자) 치환을 제외한 (2 3), (1 3), (1 2) 즉, τ, $\tau\sigma$, $\tau\sigma^2$(이하 이 3개의 치환을 B_3로 부르자)에 대한 치환을 조사해보자. 2개의 치환들이 연산들 하는 방법이 그림을 일일이 그려서 하는 방법 외에 다음 방법으로 하면 더 빨리 할 수 있다.

(1 2 3)과 (1 3 2)를 연산하는 경우를 예를 들어보면 (1 2 3)·(1 3 2)에서 먼저 1의 치환을 알아보려면 (1 2 3)에서 1 다음에 2로 간다. 그리고 (1 3 2)로 가서 2는 다시 1로 간다.

따라서 1→1로 치환된다.

동일하게 2에 대해서 해보면 첫 번째 치환에서는 2→3이 되고, 두 번째 치환에서는 3→2가 된다. 마지막 3은 3→1→3이 된다. 정리하면 다음 그림처럼 된다.

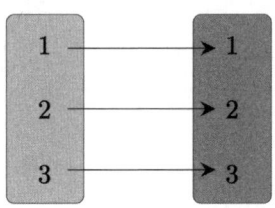

그림 7-9 (1 2 3)·(1 3 2) 연산 후 결과

다시 1→α, 2→β, 3→γ로 변경하면 다음 그림처럼 아무런 근의 치환이 이루어지지 않았다.

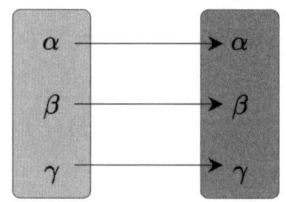

그림 7-10 연산 후 근의 치환

$$(1\ 2\ 3) \cdot (1\ 3\ 2) = (1) = e$$

가 된다. 그럼 이번에는 $\tau \cdot \tau = (2\ 3) \cdot (2\ 3)$에 대해서 연산해보자.

우선 1은 첫 번째와 두 번째 치환에서도 변하지 않는다. 따라서 1→1→1이 된다. 2는 첫 번째 치환에선 3으로 치환되고, 두 번째 치환에선 다시 2로 변환된다. 정리하면, 2→3→2이 된다. 3은 3→2→3이 된다. 따라서 그림처럼 아무런 치환이 일어나지 않는다.

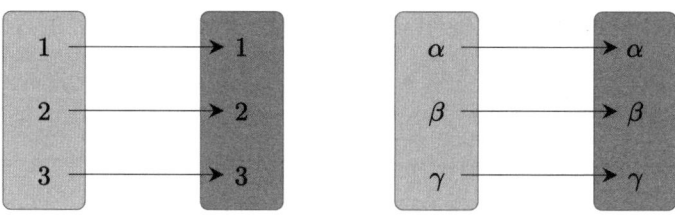

그림 7-11 $\tau \cdot \tau$ 연산 후 근의 치환

즉, $\tau \cdot \tau = (2\ 3) \cdot (2\ 3) = (1) = e$가 된다.

이번에는 $(1\ 3) \cdot (1\ 3)$을 계산해보자. 우선 2는 2→2→2가 된다. 1은 1→3→1이 된다. 3은 3→1→3이 된다. 정리하면

$$\tau\sigma \cdot \tau\sigma = (1\ 3) \cdot (1\ 3) = (1) = e$$

가 된다.

$\tau\sigma^2 \cdot \tau\sigma^2 = (1\ 2) \cdot (1\ 2)$도 해보면 e가 된다.

그럼, 이번에는 다른 치환끼리 연산해보자.

$\tau \cdot \tau\sigma = (2\ 3) \cdot (1\ 3)$을 연산해보자.

먼저 1은 첫 번째 치환에선 1→1이고, 두 번째 치환에선 1→3이다. 따라서 1→1→3이 된다. 2는 2→3→1이 된다. 3은 3→2가 되고, 두 번째에서 2가 없으므로 그대로 고정되어 최종 결과는 3→2→2가 된다.

정리해보면

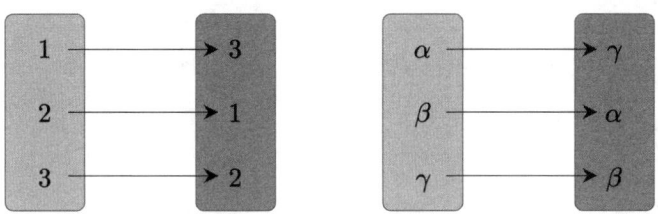

그림 7-12 $\tau \cdot \tau\sigma$ 연산 후 근의 치환

1부터 차례대로 따라가 보면, 1은 3이고, 3은 2이고, 2는 다시 1이 된다. 따라서

$$\tau \cdot \tau\sigma = (2\ 3) \cdot (1\ 3) = (1\ 3\ 2) = \sigma^2$$

이 된다.

이번에는 $(2\ 3) \cdot (1\ 2)$를 연산해보자.

1→1→2, 2→3→3, 3→2→1이 된다.

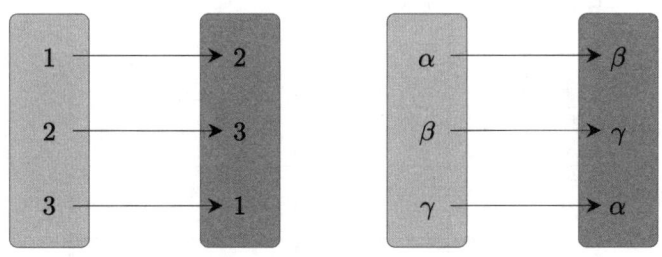

그림 7-13 $\tau \cdot \tau\sigma^2$ 연산 후 근의 치환

1은 2이고, 2는 3이고, 3은 1이 된다. 정리하면

$$\tau \cdot \tau\sigma^2 = (2\ 3) \cdot (1\ 2) = (1\ 2\ 3) = \sigma$$

가 된다.

다음 표는 τ, $\tau\sigma$, $\tau\sigma^2$의 연산 결과를 나타낸다.

표 7-7 $(2\,3)$, $(1\,3)$, $(1\,2)$ 연산 결과표

·	$(2\,3)$	$(1\,3)$	$(1\,2)$
$(2\,3)$	(1)	$(1\,2\,3)$	$(1\,3\,2)$
$(1\,3)$	$(1\,3\,2)$	(1)	$(1\,2\,3)$
$(1\,2)$	$(1\,2\,3)$	$(1\,3\,2)$	(1)

표 7-8 τ, $\tau\sigma$, $\tau\sigma^2$ 연산 결과표

·	τ	$\tau\sigma$	$\tau\sigma^2$
τ	e	σ	σ^2
$\tau\sigma$	σ^2	e	σ
$\tau\sigma^2$	σ	σ^2	e

그런데 B_3의 연산 결과가 A_3의 연산 결과와 다른 점은 치환끼리의 연산 결과가 τ, $\tau\sigma$, $\tau\sigma^2$ 외 다른 치환이 된다는 점이다. 즉 연산에 대해서 닫혀 있지 않다.

그리고 $\tau \cdot \tau\sigma$와 $\tau\sigma \cdot \tau$의 결과가 다르다. 즉, **교환법칙**이 성립하지 않는다. 그럼 6개의 모든 치환에 대해서 연산한 결과를 표로 만들어보자.

표 7-9 여섯 개 치환에 대한 연산 결과표

·	e	σ	σ^2	τ	$\tau\sigma$	$\tau\sigma^2$
e	e	σ	σ^2	τ	$\tau\sigma$	$\tau\sigma^2$
σ	σ	σ^2	e	$\tau\sigma^2$	τ	$\tau\sigma$
σ^2	σ^2	e	σ	$\tau\sigma$	$\tau\sigma^2$	τ
τ	τ	$\tau\sigma$	$\tau\sigma^2$	e	σ	σ^2
$\tau\sigma$	$\tau\sigma$	$\tau\sigma^2$	τ	σ^2	e	σ
$\tau\sigma^2$	$\tau\sigma^2$	τ	$\tau\sigma$	σ	σ^2	e

6개의 치환의 연산의 특징을 보면
- 우선 치환 e과 다른 치환 연산 시 반드시 원래의 치환이 된다. 이것은 어떤 수에 1을 곱하면 그 수가 되는 것과 같다. e가 항등원 역할을 한다.
- 그리고 σ에 대해서 σ^2을 곱하면 e가 된다. 이처럼 다른 치환들도 연산 시 e로 귀결시키는 다른 치환을 역원으로 가지고 있다. 이것은 유리수가 어떤 수를 곱해서 1이 되는 역수를 가지고 있는 경우와 같다.
- 6개의 치환을 각각 연산하면 다시 6개의 치환 중에 하나로 결과가 나타난다. 치환끼리의 연산이 치환을 벗어나지 않고 있다.

이상에서 6개의 치환은 유리수나 실수에서 사칙연산을 하면 항등원과 역원을 가지고 있는 것과 동일하게 동작하고 있다. 이때 항등원은 치환 e가 되고, 역원은 연산시 치환 e를 결과로 나타나게 하는 다른 치환이 된다. σ^2의 경우에는 σ가 된다.

표 7-9에서 좌측의 세로로 표시된 치환에 대해서 같은 행에서 치환 e가 나타나게 하는 열에 있는 다른 치환을 찾으면 된다. 단 치환 e는 1과 같으므로 자기 자신 e가 역원이고 항등원이다. 다음은 각 치환에 대한 역원들이다.

표 7-10 각 치환에 대한 역원

치환	e	σ	σ^2	τ	$\tau\sigma$	$\tau\sigma^2$
역원	e	σ^2	σ	τ	$\tau\sigma$	$\tau\sigma^2$

즉, 이 6개의 치환에 대한 연산은 유리수나 실수에서 사칙연산처럼 연산이 가능하다. 이것은 치환끼리의 연산이 6개의 치환 안에 닫혀있다는 의미이다. 일단 이런 성질을 가지는 치환들의 모임을 **군**(group)이라고 하자. 그리고 6개의 치환으로 이루어진 군을 S_3이라고 부르자. 군에 포함되는 치환의 개수를 **위수**(order)라고 부른다.

그럼 이런 성질이 나타나는 다른 치환들이 있는지 살펴보자.

표 7-7을 자세히 보면 6개의 치환 중에서 A_3끼리 연산 시 A_3에 해당되는 치환으로 나타난다. 그리고 각각의 치환에 대해서 항등원과 역원도 가지고 있다. 반면에 B_3끼리는 연산 결과는 A_3로 나타난다. 그리고 A_3와 B_3의 연

산 즉 $A_3 \cdot B_3$의 결과는 B_3가 된다.

즉 A_3만 S_3처럼 치환 연산에 대해서 닫혀 있고 군이 된다. A_3와 같이 다른 군에 포함되어서 군이 되는 경우를 **부분군**(subgroup)이라고 한다.

그럼 A_3외에 다른 부분군들도 있지 않을까? 한 번 해보자. 먼저 4개의 원소를 가지는 경우를 생각해보자.

e는 항등원이므로 무조건 들어가야 한다. 표 7-11처럼 $\{e, \sigma, \tau, \tau\sigma^2\}$로 이루어진 치환 연산은 결과를 보면 $\tau\sigma^2 \cdot \sigma = \tau\sigma$가 되어서 닫혀 있지 않다. 따라서 군이 될 수 없다.

표 7-11 4개의 치환에 대한 연산 결과표

$\cdot$	e	σ	τ	$\tau\sigma^2$
e	e	σ	τ	$\tau\sigma^2$
σ	σ	σ^2	$\tau\sigma^2$	$\tau\sigma$
τ	τ	$\tau\sigma$	e	σ^2
$\tau\sigma^2$	$\tau\sigma^2$	τ	σ	e

다른 4개의 치환으로 이루어진 경우에도 치환 내에서 연산이 닫혀 있지 않으므로 군이 될 수 없다.

위수가 3개인 군은 앞에서 살펴본 A_3가 유일하다. 그럼 2개의 치환으로 된 군은 있을까?

먼저 e는 반드시 들어가야 한다. 표 7-7을 이용해서 군이 될 수 있는 경우는 $\{e, \tau\}$, $\{e, \tau\sigma\}$, $\{e, \tau\sigma^2\}$ 이다.

다음은 연산한 결과들이다.

표 7-12 치환이 2개인 부분군

·	e	$\tau\sigma$
e	e	$\tau\sigma$
$\tau\sigma$	$\tau\sigma$	e

·	e	τ
e	e	τ
τ	τ	e

·	e	$\tau\sigma^2$
e	e	$\tau\sigma^2$
$\tau\sigma^2$	$\tau\sigma^2$	e

위수가 2개인 부분군은 3개에 있다. 각각의 부분군을 A, B, C라 부르자. 그럼 마지막으로 치환의 개수가 1개로 이루어진 군은 항등원으로만 이루어진 $\{e\}$가 있다. 군 S_3에 존재하는 모든 부분군을 그림으로 표현하면 다음과 같다.

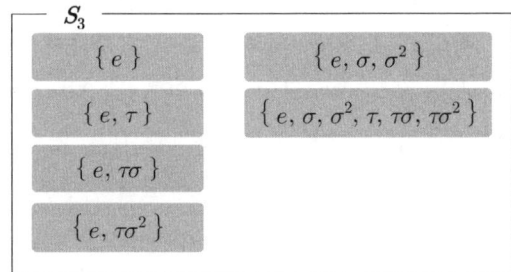

그림 7-14 S_3에 존재하는 부분군들

일단 부분군들을 나열해 봤는데, 지금은 항등치환 $\{e\}$가 반복적으로 표시되고 있다. 그럼 6개의 치환으로만 표시해보자.

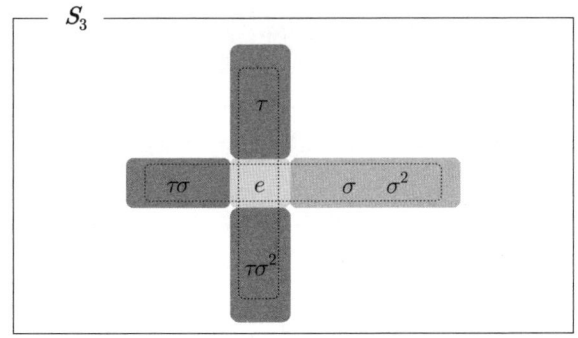

그림 7-15 S_3의 치환으로만 표시한 부분군들

S_3에는 자신과 5개의 부분군이 있다. 따라서 S_3는 6개의 군을 가진다. 그리고 위수가 1인 군이 1개, 위수가 2인 군이 2개, 위수가 3인 군이 1개이다. 일단 어떤 식으로든 공통점을 찾아야 한다.

S_3의 위수가 6이므로 6은 $6 = 3 \times 2 \times 1$으로 소인수분해된다. 1, 2, 3의 소인수들은 S_3의 3개의 부분군들의 위수와 맞아 떨어진다. 위수가 4나 5인 부분군은 존재하지 않는다. 그럼 추측하건대, 어떤 군의 부분군의 위수는 그 군의 위수의 약수로만 이루어진다라고 할 수 있다.

나는 일단 군과 그 부분군의 위수의 관계를 추측했다. 그리고 며칠 후 라그랑주 선생님께서 출판한 책을 보니 이 내용이 쓰여 있었다. **즉, 어떤 군의 부분군의 위수는 그 부모군의 위수의 약수로만 이루어진다는 것이다. 이 정리를 '라그랑주의 정리'라고 한다. 나의 추측이 정확하게 맞아 떨어졌다.**

그럼 생각을 해보면, S_3의 부분군의 위수 2와 3은 3차방정식 풀이 과정에서 나오는 2차방정식과 3차방정식의 차수를 나타내는 것처럼 보인다. 그럼 아래 그림의 3차방정식의 그림과 S_3의 치환의 그림과 구조가 같다는 의미인데 일단 이렇게 표시해보자. 그럼 어떤 아이디어라도 떠오르겠지.

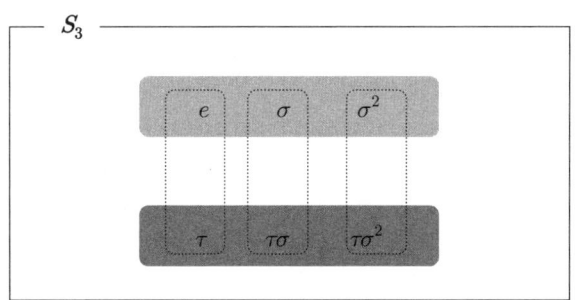

그림 7-16 3차방정식의 모든 근을 표현한 그림

일단 분석해보면 그림처럼 2차방정식의 차수와 관련된 2는 A_3와 B_3, 두 개로 나누는 것이다. 그리고 A_3와 B_3의 원소 수가 3개인데 이것은 3차방정식의 차수 3과 일치한다. 그리고 군이 되는 경우는 A_3와 $\{e, \tau\}$뿐이다. 그럼 이 2개의 부분군을 중심으로 분석해보자.

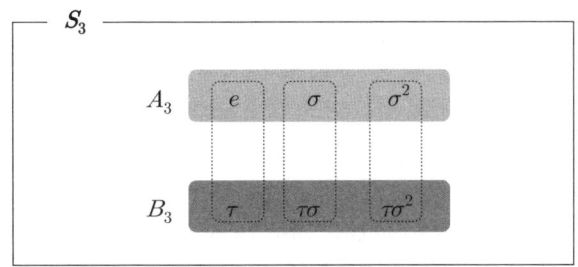

그림 7-17 3차방정식 구조를 적용한 S_3 구조도

다음은 A_3와 $\{e, \tau\}$의 연산표이다.

·	e	τ
e	e	τ
τ	τ	e

·	e	σ	σ^2
e	e	σ	σ^2
σ	σ	σ^2	e
σ^2	σ^2	e	σ

각각은 군이 된다. 그럼 서로 연산을 하면 어떻게 될까?
τ와 A_3를 연산해보자.

$$\tau \cdot e = \tau$$
$$\tau \cdot \sigma = \tau\sigma^2$$
$$\tau \cdot \sigma^2 = \tau\sigma$$

결과값은 τ나 A_3의 값이 되는 것이 아니라 모두 B_3의 값이 된다. 아무런 연관성이 없다. 그럼 다른 방법이 없을까?
이번에는 순서를 바꾸어서 연산해보자.

$$e \cdot \tau = \tau$$
$$\sigma \cdot \tau = \tau\sigma$$
$$\sigma^2 \cdot \tau = \tau\sigma^2$$

결과를 보면 순서를 바꾸어서 연산하면 항등 치환 e를 제외하고는 그 결과값이 같지 않다. 즉, 교환법칙이 성립하지 않는다.

규칙성을 찾기가 쉽지 않다. 이렇게 몇 달 동안 책상 앞에 앉아서 치환들의 특징을 찾으려고 노력했다. 그러나 어떤 특징적인 것도 눈에 들어오지 않았다. 그런 식으로 몇 주가 흘러갔다. 오늘도 여느 때처럼 치환들을 이리저리 조작을 해보는데 역시나 성과는 없다. 그리고 지친 머리도 쉬게 할 겸, 거실의 쇼파에 앉아서 전에 사온 러시아 전통 인형 '미트료시카'를 만지면서 시간을 흘려보내고 있었다. 그리고 아까 조작한 치환을 생각했다. 그리고 문득 드는 생각이 군 안에 또 다른 군이 있는 구조가 '미트료시카'의 구조와 비슷하다고 생각했다. 그리고는 이내 머릿속에서 그 생각은 사라져버리고 다시 멍하게 미트료시카를 열었다 쌓았다를 반복했다. 이렇게 몇 시간을 흘려보내고 다시 방으로 들어가서 책상 앞에 앉았다. 그리고 눈에 바로 들어오는 S_3의 6개의 치환들의 연산표를 아무 생각 없이 바라보았다.

표 7-13 S_3의 치환들의 연산표

$\cdot$	e	σ	σ^2	τ	$\tau\sigma$	$\tau\sigma^2$
e	e	σ	σ^2	τ	$\tau\sigma$	$\tau\sigma^2$
σ	σ	σ^2	e	$\tau\sigma^2$	τ	$\tau\sigma$
σ^2	σ^2	e	σ	$\tau\sigma$	$\tau\sigma^2$	τ
τ	τ	$\tau\sigma$	$\tau\sigma^2$	e	σ	σ^2
$\tau\sigma$	$\tau\sigma$	$\tau\sigma^2$	τ	σ^2	e	σ
$\tau\sigma^2$	$\tau\sigma^2$	τ	$\tau\sigma$	σ	σ^2	e

그런데 이번에는 각 치환들의 연산 값이 눈에 들어오는 것이 아니라 A_3와 B_3 전체의 연산값들이 한꺼번에 눈에 들어왔다. 그리고 머릿속에서 어쩐 일인지 연산표의 가로, 세로 연산 구조에서 어떤 규칙성을 찾을 수 있지 않을까하는 믿음이 생겼다. 마치 '미트료시카'처럼 각각의 값들이 아닌 군 전체가 하나의 인형이 아닐까 하는 생각이 든다.

그럼 치환들을 일일이 연산해서 계산을 하는 것이 아닌, 연산표를 보면서 전체적으로 어떤 특징이 있는지 나열해보자.
- A_3와 A_3의 연산 결과는 A_3가 된다.
- A_3와 B_3의 연산 결과는 B_3가 된다.
- B_3와 B_3의 연산 결과는 A_3가 된다.

이것을 치환 연산으로 표시하면 다음과 같다.
- $A_3 \cdot A_3 = A_3$
- $A_3 \cdot B_3 = B_3$
- $B_3 \cdot B_3 = A_3$

$A_3 \cdot B_3$와 $B_3 \cdot A_3$는 연산표에 의해서 모두 결과값이 B_3가 된다. 이것을 표로 정리하면 다음과 같다.

표 7-14 A_3와 B_3의 연산표

·	A_3	B_3
A_3	A_3	B_3
B_3	B_3	A_3

나는 이 표를 자세히 보았다. 이 표에서 중요한 특징을 발견했다. 그것은 A_3와 B_3가 또다시 위수 2인 군을 이룬다는 것이다. 자세히 보면 이 군에선 A_3가 항등원의 역할을 한다. 그리고 각 요소는 다른 요소의 역원 역할을 한다. 이 군에선

$$A_3 \cdot B_3 = B_3 \cdot A_3$$

되므로 교환법칙이 성립한다. 이유는 이전에는 6개의 치환 각각을 생각했을 때는 그 값이 다른데, 지금은 A_3와 B_3의 묶음으로 생각하니 교환법칙이 성립하는 것이다. 아래 표에서 $A_3 \cdot B_3$와 $B_3 \cdot A_3$의 값은 굵은 테두리로 표시된 것처럼 모두 B_3가 된다. 즉 이번에는 묶음 자체가 군이 되는 것이다. 그리고 이 군은 대각선을 기준으로 서로 대칭이 되고 위수는 2가 된다.

표 7-15 S_3의 치환들의 연산표

·	e	σ	σ^2	τ	$\tau\sigma$	$\tau\sigma^2$
e	e	σ	σ^2	τ	$\tau\sigma$	$\tau\sigma^2$
σ	σ	σ^2	e	$\tau\sigma^2$	τ	$\tau\sigma$
σ^2	σ^2	e	σ	$\tau\sigma$	$\tau\sigma^2$	τ
τ	τ	$\tau\sigma$	$\tau\sigma^2$	e	σ	σ^2
$\tau\sigma$	$\tau\sigma$	$\tau\sigma^2$	τ	σ^2	e	σ
$\tau\sigma^2$	$\tau\sigma^2$	τ	$\tau\sigma$	σ	σ^2	e

이 대칭 구조를 이루는 묶음의 군을 **잉여군**이라고 부르자. S_3을 잉여군으로 표현하면 다음과 같다.

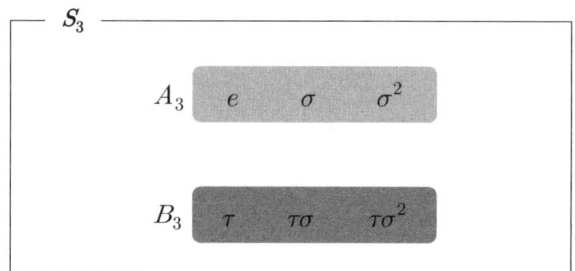

그림 7-18 S_3의 잉여군의 구조

결국 앞의 3차방정식의 근의 구조와 동일하게 되었다. 즉, A_3와 B_3로 이루어진 위수 2인 잉여군은 3차방정식 풀이 과정에서 $X^2 = A$의 보조방정식을 의미한다. 그리고 부분군 A_3의 위수는 $X^3 = B$의 보조방정식을 의미한다.

그런데 S_3에는 다른 부분군도 있지 않은가? 그럼 그 부분군들도 동일한 성질이 있는지 조사해보자.

표 7-16 위수가 2인 부분군들의 연산표

·	e	τ	$\tau\sigma$	$\tau\sigma^2$
e	e	τ	$\tau\sigma$	$\tau\sigma^2$
τ	τ	e	σ	σ^2
$\tau\sigma$	$\tau\sigma$	σ^2	e	σ
$\tau\sigma^2$	$\tau\sigma^2$	σ	σ^2	e

$C_2 = \{e, \tau\},\ D_2 = \{e, \tau\sigma\},\ E_2 = \{e, \tau\sigma^2\}$라고 두고 각각의 부분군을 연산해보면

$$C_2 \cdot C_2 = \{e, \tau\} = C_2$$
$$C_2 \cdot D_2 = \{e, \tau, \tau\sigma, \sigma^2\}$$
$$D_2 \cdot C_2 = \{e, \tau, \tau\sigma, \sigma\}$$
$$D_2 \cdot D_2 = \{e, \tau\sigma\} = D_2$$

$$D_2 \cdot D_2 = \{e, \tau\sigma\} = D_2$$
$$D_2 \cdot {}_2 = \{e, \tau\sigma, \tau\sigma^2, \sigma^2\}$$
$$E_2 \cdot D_2 = \{e, \tau\sigma, \tau\sigma^2, \sigma\}$$
$$E_2 \cdot E_2 = \{e, \tau\sigma^2\} = E_2$$

$$C_2 \cdot C_2 = \{e, \tau\} = C_2$$
$$C_2 \cdot E_2 = \{e, \tau, \tau\sigma^2, \sigma\}$$
$$E_2 \cdot C_2 = \{e, \tau, \tau\sigma^2, \sigma^2\}$$
$$E_2 \cdot E_2 = \{e, \tau\sigma^2\} = E_2$$

가 된다. C_2, D_2, E_2 사이의 연산을 분석해보면 A_3와 B_3와 달리 닫혀 있지 않다. 결론적으로 S_3의 부분군 중에서 잉여군은 A_3와 B_3로 이루어진 군이 유일하다.

그럼 다시 S_3을 보면 3차방정식 풀이에서 2차방정식의 차수, 2에 해당되는 것은 잉여군의 위수와 같다. 즉,

$$\text{잉여군의 위수} = \frac{|S_3|}{|A_3|} = 2$$

이 된다. 그리고 3차방정식의 차수, 3은 A_3의 위수 $|A_3|=3$이다.

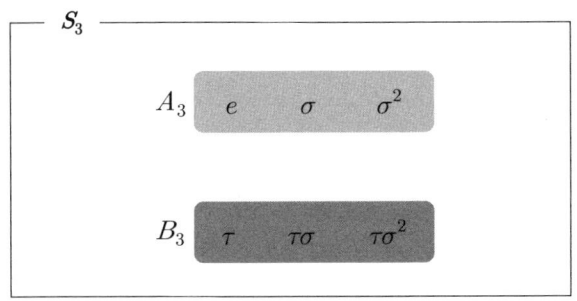

그림 7-19 S_3의 위수가 2인 잉여군

그럼 왜 S_3의 부분군 중에서 A_3만이 잉여군을 만들 수 있는가? 그 이유를 아는 것이 중요하다. 이유는

$$A_3 \cdot B_3 = B_3 \cdot A_3$$

가 성립하기 때문이다. 즉, A_3는 교환법칙이 성립한다.

표 7-17을 보면 A_3의 원소는 τ에 대해서 $\tau \cdot A_3$는 표에서 ①에 해당되는 $\{\tau, \tau\sigma, \tau\sigma^2\}$이다. 즉 B_3이다.
$A_3 \cdot \tau$는 표에서 ②에 해당되는 $\{\tau, \tau\sigma, \tau\sigma^2\}$이다.
$\tau\sigma$도 $\tau\sigma^2$도 동일한 결과를 보인다.
그리고 A_3의 부분군 e는 $e \cdot A_3 = A_3 \cdot e$가 항상 성립한다.

표 7-17 $\tau \cdot A_3$와 $A_3 \cdot \tau$의 연산표

①

·	e	σ	σ^2	τ		$\tau\sigma^2$
e	e	σ	σ^2	τ	$\tau\sigma$	$\tau\sigma^2$
σ	σ	σ^2	e	$\tau\sigma^2$	τ	$\tau\sigma$
σ^2	σ^2	e	σ	$\tau\sigma$	$\tau\sigma^2$	τ
② τ	τ	$\tau\sigma$	$\tau\sigma^2$	e	σ	σ^2
$\tau\sigma$	$\tau\sigma$	$\tau\sigma^2$	τ	σ^2	e	σ
$\tau\sigma^2$	$\tau\sigma^2$	τ	$\tau\sigma$	σ	σ^2	e

즉, 3차방정식의 세 근의 치환들로 이루어진 S_3는 교환법칙이 성립하는 A_3를 부분군으로 가지고 있다. 그리고 A_3는 다시 자신의 내부에 교환법칙이 성립하는 e를 부분군으로 가지고 있다. **교환법칙이 성립하는 부분군을 정규부분군(normal subgroup)이라고 하자.** 그럼 3차방정식의 치환는 다음이 성립한다.

$$S_3 = A_3 \cup \tau \cdot A_3 = A_3 \cup A_3 \cdot \tau$$

이 식을 일반화하면

$$S_3 = A_3 \cup h \cdot A_3 = A_3 \cup A_3 \cdot h \quad (h는 B_3의 원소이다)$$

S_3의 각각의 정규부분군 A_3과 e가 만드는 잉여군의 위수가 3차방정식의 풀이 과정에서 2차방정식과 3차방정식의 차수가 되는 것이다.

그림으로 나타내면 다음과 같다. 2와 3이 2차방정식과 3차방정식의 차수들을 의미한다.

$$\frac{|S_3|}{|A_3|}=2 \qquad \frac{|A_3|}{|e|}=3$$

$$S_3 \supset A_3 \supset \{e\}$$

그림 7-20 S_3의 정규부분군들에 의해서 만들어지는 잉여군과 위수

    이 결과는 마치 미트료시카처럼 인형 안에 또 다른 자신의 인형이 있는 구조이다. 따라서 풀리는 3차방정식은 근의 치환에서 반드시 자신의 군 안에 작은 미트료시카에 해당되는 **정규부분군**을 가지고 있다. **그림 이 결과를 그대로 풀리는 4차방정식에 적용하면 4차방정식의 근들의 치환에서도 4차방정식을 풀 때 거치는 방정식의 차수에 해당되는 위수를 가지는 잉여군이 있을 것이다. 또 그 잉여군을 만드는 4개의 정규부분군을 가지고 있을 것이다.** 만약에 이것이 옳다면 이제 방정식을 분석할 때 일일이 계산할 필요가 없는 것이다. 단지 근들의 치환에 의해서 생기는 정규부분군과 잉여군을 분석해보면 근의 공식을 가지는지 여부를 알 수 있다. 그럼 4차방정식도 조사해보자.

연습문제

1. $\alpha + \omega\beta + \omega^2\gamma$를 다음의 치환을 적용해서 치환된 식을 완성하시오.
   (책처럼 그림을 그려서 완성하시오.)
   (1) $\begin{pmatrix} 1\ 2\ 3 \\ 2\ 3\ 1 \end{pmatrix}$
   (2) $\begin{pmatrix} 1\ 2\ 3 \\ 1\ 3\ 2 \end{pmatrix}$
   (3) $(1\ 3\ 2)$
   (4) σ
   (5) $\tau\sigma$
   (6) $\tau\sigma^2$

2. 다음의 치환 연산을 결과를 구하시오.
   (1) $(1\ 2\ 3) \cdot (1\ 2\ 3)$
   (2) $(1\ 2\ 3) \cdot (1\ 3\ 2)$
   (3) $(1\ 3\ 2) \cdot (1\ 2\ 3)$
   (4) $(1\ 2\ 3) \cdot (2\ 3)$
   (5) $(1\ 2\ 3) \cdot (1\ 3)$
   (6) $(1\ 3) \cdot (1\ 2\ 3)$
   (7) $(2\ 3) \cdot (1\ 3)$
   (8) $(1\ 3) \cdot (2\ 3)$
   (9) $(1\ 2\ 3) \cdot (1\ 2\ 3) \cdot (1\ 2\ 3)$

3. 다음의 치환 연산을 결과를 구하시오.

   (1) $e \cdot \sigma$

   (2) $\sigma \cdot \sigma$

   (3) $\sigma \cdot \tau$

   (4) $\tau \cdot \sigma$

   (5) $\sigma \cdot \sigma \cdot \sigma$

   (6) $\sigma^2 \cdot \sigma^2 \cdot \sigma^2$

   (7) $\tau \cdot \tau$

   (8) $\tau \cdot \sigma\tau \cdot \tau\sigma^2$

4. 다음 S_3 연산표를 완성하시오.

·	e	σ	σ^2	τ	$\tau\sigma$	$\tau\sigma^2$
e	e	σ	σ^2	τ	$\tau\sigma$	$\tau\sigma^2$
σ	σ			$\tau\sigma^2$		
σ^2	σ^2	e	σ	$\tau\sigma$	$\tau\sigma^2$	τ
τ						
$\tau\sigma$						
$\tau\sigma^2$						

5. 다음 용어를 설명하시오.

    (1) 군
    (2) 부분군
    (3) 위수
    (4) 정규부분군
    (5) 잉여군

6. S_3에서 부분군을 모두 선택하시오.

    (1) $\{e\}$
    (2) $\{e, \tau\}$
    (3) $\{e, \sigma\}$
    (4) $\{e, \sigma^2\}$
    (5) $\{e, \sigma, \sigma^2\}$
    (6) $\{e, \tau, \tau\sigma\}$
    (7) $\{e, \tau, \sigma^2, \tau\sigma^2\}$
    (8) $\{e, \sigma, \sigma^2, \tau, \tau\sigma, \tau\sigma^2\}$

7. 다음 연산표를 완성하시오.

$\cdot$	A_3	B_3
A_3		
B_3		

8. 다음은 $S_3 = \{e, \sigma, \sigma^2, \tau, \tau\sigma, \tau\sigma^2\}$의 잉여군을 나타내고 있습니다. 각각의 원소를 채우시오.

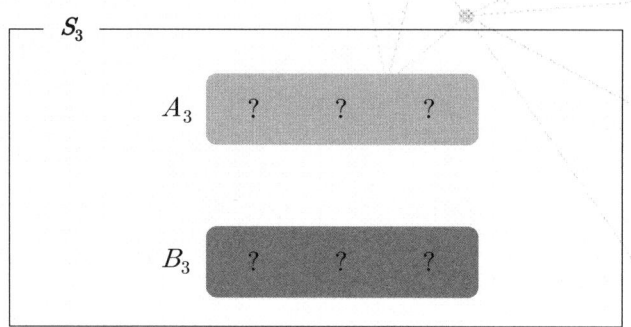

9. 다음 그림의 물음표를 채우시오.

$$\frac{|S_3|}{|A_3|} = ? \qquad \frac{|A_3|}{|e|} = ?$$

$$S_3 \supset ? \supset \{e\}$$

8

갈루아, 4차방정식의 근들의 구조를 파헤치다

먼저 4차방정식의 풀이 과정을 먼저 살펴보자.

일반적인 4차방정식 $x^4+ax^3+bx^2+cx+d=0$은 처음부터 x^3이 없는 $X^4+pX^2+qX+r=0$ $(p, q, r$은 유리수$)$로 변환 후, 다시 s^2, t^2, u^2를 근으로 하는 3차방정식으로 변환할 수 있다.

3차방정식으로 만들어보면

$$(y-s^2)(y-t^2)(y-u^2)=0$$

전개하면

$$y^3-(s^2+t^2+u^2)y^2+(s^2t^2+t^2u^2+u^2s^2)y-s^2t^2u^2=0$$

원래 4차방정식의 계수들로 대체하면

$$y^3+\frac{p}{2}y^2+\left(\frac{p^2}{16}-\frac{r}{4}\right)y-\frac{q^2}{64}=0$$

이 된다.

그럼 먼저 s^2, t^2, u^2를 근으로 하는 3차방정식을 먼저 푼 후, 다음 식을 이용해서 각각의 s, t, u를 조합해서 4개의 근을 구하면 된다.

$$s^2+t^2+u^2=-\frac{p}{2} \cdots (1)$$

$$s^2t^2+t^2u^2+u^2s^2=\frac{p^2}{16}-\frac{r}{4} \cdots (2)$$

$$s^2t^2u^2 = \left(-\frac{q}{8}\right)^2 \cdots (3)$$

그럼 먼저 3차방정식 근의 공식을 이용해서 s^2, t^2, u^2을 구해보자.

$$s^2 = e + f \cdots (4)$$
$$t^2 = \omega^2 e + \omega f \cdots (5)$$
$$u^2 = \omega e + \omega^2 f \cdots (6)$$

(4), (5), (6)을 이용해서 s^2, t^2, u^2으로 e와 f를 나타내 보자. 먼저 3차방정식의 근과 계수의 관계에서 s^2, t^2, u^2을 더하면 0이 되므로 3개의 1차방정식을 다음과 같다.

$$s^2 + \omega t^2 + \omega^2 u^2 = 3e \cdots (7)$$
$$s^2 + \omega^2 t^2 + \omega u^2 = 3f \cdots (8)$$
$$s^2 + t^2 + u^2 = 0 \cdots (9)$$

(7), (8), (9)을 조합해서 풀면

$$(7)-(8) = (\omega - \omega^2)t^2 + (\omega^2 - \omega)u^2 = 3(e-f) \cdots (10)$$
$$(8)-(9) = (\omega^2 - 1)t^2 + (\omega - 1)u^2 = 3f \cdots (11)$$

식 (11)에 ω를 곱한 후, 식 (10)과 연립해서 u^2을 소거하면 t^2을 구할 수 있다.

$$t^2 = \frac{3[(\omega+1)f - e]}{\omega(\omega-1)(\omega+2)}$$

식 (11)의 양변을 $(\omega-1)$로 나눈 후 정리해서 t^2을 대입하면 u^2을 구할 수 있다.

$$u^2 = -(\omega+1)t^2 + \frac{3f}{\omega-1} = \frac{3[(\omega+1)e - f]}{\omega(\omega-1)(\omega+2)}$$

식 (9)에 t^2과 u^2을 대입하면 s^2을 구할 수 있다.

$$s^2 = -(t^2 + u^2) = \frac{-3(f+e)}{(\omega-1)(\omega+2)}$$

식 (3)에서 $stu = -\dfrac{q}{8}$의 관계가 있으므로

$$stu = s(-t)(-u) = (-s)t(-u) = (-s)(-t)u$$

의 4가지 경우이다. 이 값들로 조합을 해서 4개의 근을 구하면

$$\alpha = s + t + u \quad \cdots (12)$$
$$\beta = s - t - u \quad \cdots (13)$$
$$\gamma = -s + t - u \quad \cdots (14)$$
$$\delta = -s - t + u \quad \cdots (15)$$

따라서 (12), (13), (14), (15)에 의해서 α, β, γ, δ는 s, t, u로 다시 대체되므로 근호와 숫자들의 사칙연산으로 표현할 수 있다.

4차방정식의 근의 공식을 구하는 과정은 다음과 같다.

1. 4차방정식을 s^2, t^2, u^2을 근으로 하는 3차방정식으로 변환한다.
2. 3차방정식의 근의 공식을 이용해서 s^2, t^2, u^2를 구한다.
3. $stu = -\dfrac{q}{8}$를 이용해서 s, t, u를 구한다.

4차방정식의 근의 공식을 구하는 과정에서 s^2, t^2, u^2 구할 때에는 $X^2 = A$과 $X^3 = B$ 보조 방정식이 사용된다. 그리고 다시 t와 u를 구할 때 $X^2 = A$ 보조방정식이 두 번 사용된다.

표 8-1 s^2, t^2, u^2로 이루어진 6개의 대칭식

$s^2 + \omega t^2 + \omega^2 u^2 = f$	①	$s^2 + \omega u^2 + \omega^2 t^2 = g$	②
$t^2 + \omega u^2 + \omega^2 s^2 = \omega^2 f$	③	$t^2 + \omega s^2 + \omega^2 u^2 = \omega g$	④
$u^2 + \omega s^2 + \omega^2 t^2 = \omega f$	⑤	$u^2 + \omega t^2 + \omega^2 s^2 = \omega^2 g$	⑥

결국 s^2, t^2, u^2의 근의 치환도 S_3와 같게 된다.

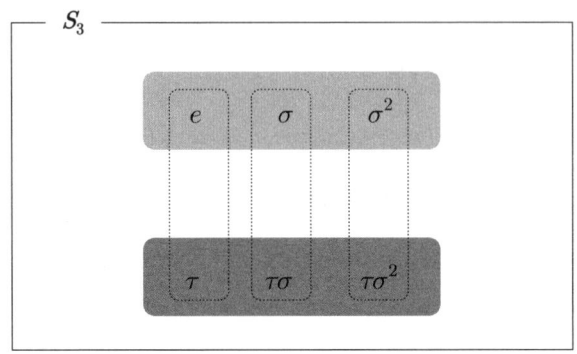

그림 8-1 S_3를 이루는 s^2, t^2, u^2의 치환

S_3은 3차방정식에 적용되는 군이다. 따라서 최종적으로는 4차방정식의 4개의 근 α, β, γ, δ으로 이루어진 군의 구조를 알아야 한다. 그리고 4차방정식은 근이 4개이니 가질 수 있는 치환의 수는 $4! = 4 \times 3 \times 2 \times 1$이다. 계산하면 24가지가 된다. s^2, t^2, u^2의 치환으로 된 지금의 S_3의 위수는 6개밖에 되지 않는다. 그럼 다시 s^2, t^2, u^2에 대한 α, β, γ, δ의 치환을 고려해야 한다. S_3가 6개이니 s^2, t^2, u^2를 4개의 근 α, β, γ, δ로 표현했을 때, 4가지의 치환이 생기면 서로 곱해서 24가 된다. 우선 식 (12), (13), (14), (15)를 이용해서 s, t, u를 4개의 근으로 표현하자.

$$\alpha = s + t + u \quad \cdots (16)$$
$$\beta = s - t - u \quad \cdots (17)$$
$$\gamma = -s + t - u \quad \cdots (18)$$
$$\delta = -s - t + u \quad \cdots (19)$$

$(16) - (18)$을 구하면

$$s + u = \frac{1}{2}(\alpha - \gamma) \quad \cdots (20)$$

$(17) - (19)$를 구하면

$$s - u = \frac{1}{2}(\beta - \delta) \quad \cdots \quad (21)$$

이 된다.

(20)과 (21)을 연립해서 풀면

$$s = \frac{1}{4}[(\alpha - \gamma) + (\beta - \delta)]$$

식 (20)에 s를 대입하면

$$u = \frac{1}{4}[(\alpha - \gamma) - (\beta - \delta)]$$

다시, (16) - (17)을 계산하면

$$\alpha - \beta = 2t + 2u$$
$$t + u = \frac{1}{2}(\alpha - \beta)$$

이므로

$$t = \frac{1}{2}(\alpha - \beta) - u$$

가 된다.

u를 대입해서 정리하면

$$t = \frac{1}{4}[(\alpha + \gamma) - (\beta + \delta)]$$

가 된다. 따라서 s, t, u는

$$s = \frac{1}{4}[(\alpha - \gamma) + (\beta - \delta)]$$

$$t = \frac{1}{4}[(\alpha + \gamma) - (\beta + \delta)]$$

$$u = \frac{1}{4}[(\alpha - \gamma) - (\beta - \delta)]$$

로 표현된다.

s^2, t^2, u^2로 표현하면(상수는 치환과 관계없으므로 생략한다.)
$$s^2 = [(\alpha-\gamma)+(\beta-\delta)]^2$$
$$t^2 = [(\alpha+\gamma)-(\beta+\delta)]^2$$
$$u^2 = [(\alpha-\gamma)-(\beta-\delta)]^2$$

이 된다.

따라서 s^2, t^2, u^2는 다음의 4개의 근의 치환에 대해서는 값이 불변이다. e'(항등치환을 S_3의 e와 구별하기 위해서 e'이라고 함)

$$\alpha \leftrightarrow \beta, \ \gamma \leftrightarrow \delta$$
$$\alpha \leftrightarrow \gamma, \ \beta \leftrightarrow \delta$$
$$\alpha \leftrightarrow \delta, \ \beta \leftrightarrow \gamma$$

따라서 s^2, t^2, u^2로 만들어진 S_3의 대칭식의 개수 6개에 대해서 다시 s^2, t^2, u^2를 이루는 α, β, γ, δ에 의해서 만들어진 불변인 치환 4개를 곱하면 $6 \times 4 = 24$가 된다.

α, β, γ, δ로 이루어진 치환들이 군이 되는지 확인해보자.

$\alpha \leftrightarrow \beta, \ \gamma \leftrightarrow \delta$는 두 근끼리만 치환되므로 $(1\,2)(3\,4)$이다.

$\alpha \leftrightarrow \gamma, \ \beta \leftrightarrow \delta$는 $(1\,3)(2\,4)$이고

$\alpha \leftrightarrow \delta, \ \beta \leftrightarrow \gamma$는 $(1\,4)(2\,3)$이 된다.

$(1\,2)(3\,4) \cdot (1\,2)(3\,4)$의 연산 방법을 알아보자.

먼저 1부터 출발하면 첫 번째 치환에서 1은 2가 된다. 두 번째는 2가 없으므로 넘어간다. 세 번째 치환에서는 2가 1이 된다. 그리고 네 번째 치환에선 없으므로 넘어가면 최종적으로 1은 1이 된다.

이번에는 2를 해보면, 첫 번째 치환은 1이 된다. 세 번째에선 다시 2가 된다. 따라서 2는 2가 된다.

3은 4가 되고, 다시 마지막에서 다시 3이 된다. 4도 역시 마지막에서 4가 된다. 따라서 정리해보면 $1 \to 1$, $2 \to 2$, $3 \to 3$, $4 \to 4$로 치환되어서 항등치환 e가 된다.

이번에는 $(1\,2)(3\,4) \cdot (1\,3)(2\,4)$를 계산해보자.

1은 $1 \to 2 \to 4$로 변한다.
2는 $2 \to 1 \to 3$
3은 $3 \to 4 \to 2$
4는 $4 \to 3 \to 1$

이 된다. 따라서 치환 $(1\,4)(2\,3)$이 된다.

$(1\,3)(2\,4) \cdot (1\,2)(3\,4)$를 계산해보자.

$1 \to 3 \to 4$
$2 \to 4 \to 3$
$3 \to 1 \to 2$
$4 \to 2 \to 1$

$(1\,4)(2\,3)$이 된다.

4가지 치환을 계산하면 다음표와 같다.

표 8-2 4개의 치환 연산표

·	e'	$(1\,2)(3\,4)$	$(1\,3)(2\,4)$	$(1\,4)(2\,3)$
e'	e'	$(1\,2)(3\,4)$	$(1\,3)(2\,4)$	$(1\,4)(2\,3)$
$(1\,2)(3\,4)$	$(1\,2)(3\,4)$	e'	$(1\,4)(2\,3)$	$(1\,3)(2\,4)$
$(1\,3)(2\,4)$	$(1\,3)(2\,4)$	$(1\,4)(2\,3)$	e'	$(1\,2)(3\,4)$
$(1\,4)(2\,3)$	$(1\,4)(2\,3)$	$(1\,3)(2\,4)$	$(1\,2)(3\,4)$	e'

4개의 치환들이 서로 군을 이룬다. 이 군을 V라고 하자.

$(1)' = e'$
$(1\,2)(3\,4) = a$
$(1\,3)(2\,4) = b$
$(1\,4)(2\,3) = c$

로 표기한 후, 연산표를 다시 만들면 다음과 같다. 군 V는 교환법칙이 성립한다.

표 8-3 4개의 치환을 기호로 나타낸 연산표

·	e'	a	b	c
e'	e'	a	b	c
a	a	e'	c	b
b	b	c	e'	a
c	c	b	a	e'

즉, 미트료시카처럼 S_3 내에 또 다른 4개의 치환으로 이루어진 부분군, V가 존재하는 것이다.

다음의 표에서 ①에서 ⑥의 대칭식에 의한 군 S_3 안에 다시, 미트료시카처럼 부분군 V가 존재하는 것이다. 그럼 4개의 근으로 이루어진 치환군 S_4는 모두 24개의 치환으로 이루어지게 된다.

표 8-4 s^2, t^2, u^2로 이루어진 여섯 개의 대칭식

$s^2+\omega t^2+\omega^2 u^2 = f$	①	$s^2+\omega u^2+\omega^2 t^2 = g$	②
$t^2+\omega u^2+\omega^2 s^2 = \omega^2 f$	③	$t^2+\omega s^2+\omega^2 u^2 = \omega g$	④
$u^2+\omega s^2+\omega^2 t^2 = \omega f$	⑤	$u^2+\omega t^2+\omega^2 s^2 = \omega^2 g$	⑥

다음 그림은 S_4 안에 정규부분군 VA_3가 존재하고, 다시 그 내부에 다시 정규부분군 V가 존재하는 구조를 나타내고 있다.

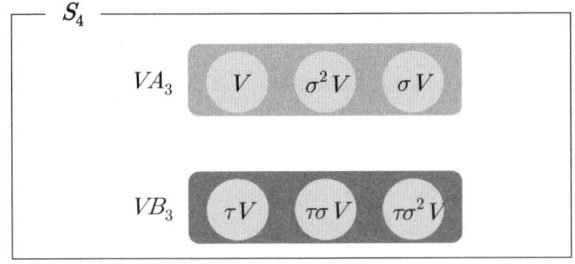

그림 8-2 S_4의 치환 구조

그림처럼 S_4는 $S_4 = VA_3 \cup VB_3$으로 분할된다. V의 위수는 4이고, A_3의 위수는 3이므로 VA_3와 VB_3의 위수는 각각 12가 된다. 다음은 VA_3와 VB_3의 연산표이다. 역시 대칭 구조를 이루고 있다.

3차방정식의 S_3에서는 A_3가 잉여군의 항등원이었듯이 이번에는 VA_3가 4차방정식의 잉여군에서 항등원 역할을 하고 있다.(앞의 V의 연산표에서 $V^2 = V$가 된다.)

표 8-5 VA_3와 VB_3의 연산표

·	VA_3	VB_3
VA_3	VA_3	VB_3
VB_3	VB_3	VA_3

이번에는 VA_3를 분석해보자. A_3가 정규부분군이므로 교환법칙이 적용되어서 A_3V와 같으므로

$$A_3V = V \cup \sigma V \cup \sigma^2 V$$

으로 분할된다.

V, σV, $\sigma^2 V$ 사이의 연산을 표로 만들어보자.

표 8-6 V, σV, $\sigma^2 V$의 연산표

·	V	σV	$\sigma^2 V$
V	V	σV	$\sigma^2 V$
σV	σV	$\sigma^2 V$	V
$\sigma^2 V$	$\sigma^2 V$	V	σV

연산표에서 A_3V는 닫혀있다. 그리고 $V \cup \sigma V \cup \sigma^2 V = V \cup V\sigma \cup V\sigma^2$ 이 되어서 V는 A_3V의 정규부분군이 된다.

그럼, 이번에는 V의 연산표를 생각해보자. 연산표를 보면 V는 대칭 구조를 이루고 있다.

표 8-7 V의 연산표

·	e'	a	b	c
e'	e'	a	b	c
a	a	e'	c	b
b	b	c	e'	a
c	c	b	a	e'

V는 다시 $\{\{1\}', (1\,2)(3\,4)\}$, 즉 $\{e', a\}$를 정규부분군으로 가진다. $\{e', a\}$를 N이라고 하면 $V = N \cup bN$으로 분할된다. 그리고 최종적으로 N은 $\{e'\}$에 의해 2개로 분할된다.

다음은 4차방정식의 치환군 S_4의 구조를 정리한 것이다.

- S_4는 정규부분군 VA_3에 의해서 위수가 2인 잉여군으로 분할된다.
- VA_3는 다시 정규부분군 V에 의해서 위수가 3인 잉여군으로 분할된다.
- V는 다시 정규부분군 N에 의해서 위수가 2인 잉여군으로 분할된다.
- N은 다시 정규부분군 $\{e'\}$에 의해서 위수가 2인 잉여군으로 분할된다.

다음은 '미트료시카'의 역할을 하는 정규부분군에 의해서 분할되는 4차방정식의 치환군, S_4의 구조를 나타내고 있다.

$$\frac{|S_4|}{|VA_4|}=2 \quad \frac{|VA_4|}{|V|}=3 \quad \frac{|V|}{|N|}=2 \quad \frac{|N|}{|e'|}=2$$

$$S_4 \supset VA_3 \supset V \supset N \supset \{e'\}$$

그림 8-3 S_4의 정규부분군들에 의해서 만들어지는 잉여군과 위수

S_4의 정규부분군에 의해서 만들어지는 잉여군의 위수의 순서인 2, 3, 2, 2가 4차방정식 풀이 과정에서 나오는 방정식의 차수와 정확하게 일치하고 있다. 그리고 2, 3, 2, 2의 위수들을 곱하면 S_4의 치환의 개수와 정확하게 일치한다.

S_3와 S_4의 잉여군의 위수가 바로 3차방정식과 4차방정식의 내부에 있는 보조 방정식의 차수와 같다니. 이 얼마나 신기한 일인가?

결국 3차방정식과 4차방정식의 치환군에서 얻은 결론은 일반적인 방정식이 풀리기 위해서는 그 방정식이 가지는 치환군 내의 정규부분군의 존재를 알아내는 것으로 귀결된다. 이 방법은 모든 차수의 방정식에 적용되는 방법이다. 드디어 5차 이상의 고차방정식을 다루는 방법을 알게 된 것이다.

당연히 5차방정식은 근이 5개이니 치환의 개수는, 5! = 5×4×3×2×1인 120개가 된다. 그러면 120개의 치환을 조사해서 '미트료시카' 구조를 만드는 정규부분군을 찾으면 되는 것이다. 타르탈리아가 3차방정식의 해법을 발견했을 때처럼 모든 분야에서 영감을 받는 것은 논리를 초월한 신과의 소통이고 그 이후는 인간의 이성과 논리적인 사고의 영역이다.

연습문제

1. 다음의 4개의 식을 이용해서 s, t, u를 4개의 근 α, β, γ, δ로 표현 한 후, 4개의 치환 e', $(1\,2)(3\,4)$, $(1\,3)(2\,4)$, $(1\,4)(2\,3)$ 대해서 불변이 되도록 표현하시오.
   (1) $\alpha = s + t + u$
   (2) $\beta = s - t - u$
   (3) $\gamma = -s + t - u$
   (4) $\delta = -s - t + u$

2. 다음 연산표를 완성하시오.

·	e'	$(1\,2)(3\,4)$	$(1\,3)(2\,4)$	$(1\,4)(2\,3)$
e'				
$(1\,2)(3\,4)$				
$(1\,3)(2\,4)$				
$(1\,4)(2\,3)$				

3. 다음 [그림 8-2]를 참고해서 다음 연산표를 완성하시오.

·	VA_3	VB_3
VA_3		
VB_3		

·	V	σV	$\sigma^2 V$
V			
σV			
$\sigma^2 V$			

4. 다음 연산표를 완성해서 $V \cup \sigma V \cup \sigma^2 V = V \cup V\sigma \cup V\sigma^2$를 확인하시오.

·	e'	(1 2 3)	(1 3 2)	(1 2)(3 4)	(1 3)(2 4)	(1 4)(2 3)
e'						
(1 2 3)						
(1 3 2)						
(1 2)(3 4)						
(1 3)(2 4)						
(1 4)(2 3)						

5. 다음의 S_4의 정규부분군과 잉여군의 관계에서 물음표 부분을 완성하시오.

$$\frac{|S_4|}{|VA_4|}=? \quad \frac{|VA_4|}{|V|}=3 \quad \frac{|V|}{|N|}=? \quad \frac{|N|}{|e'|}=2$$

$$S_4 \supset VA_3 \supset ? \supset N \supset \{e'\}$$

9

갈루아, 군을 이용하여 최초로 5차방정식을 정복하다

이제 5차 이상의 방정식이 근의 공식을 가지고 있는지 확인하려면 굳이 3차방정식이나 4차방정식처럼 일일이 계산해서 근을 구할 필요가 없다. 5차방정식의 근들의 치환에서 정규부분군의 구조만을 알면 되는 것이다.

그럼 어떻게 5차방정식의 정규부분군을 구하는지 전략을 짜보자. 먼저 5차방정식의 치환군 S_5에서 가장 큰 정규부분군을 찾아야 한다. 이것을 A_5라고 하자. A_5의 위수를 먼저 결정해야 한다.

먼저 S_3와 S_4의 가장 큰 정규부분군의 위수를 보면 S_3는 $A_3 = \frac{|S_3|}{2} = 3$이었고, S_4는 $VA_3 = \frac{|S_4|}{2} = 12$였다.

그럼 S_5의 위수가 $5! = 5 \times 4 \times 3 \times 2 \times 1 = 120$이므로 A_5의 위수도 $A_5 = \frac{|S_5|}{2} = \frac{120}{2} = 60$이 되어야 한다.

그럼 먼저 위수가 60인 A_5를 찾아야 한다. 막상 찾으려고 하니 막막하다. 일단 120개의 치환의 연산으로 나오는 결과가 120×120이나 되니 무척 많다. 일일이 계산하는 것 말고 방법이 없을까? 어떻게 접근해야 할지 도저히 감이 오지 않는다. 그렇게 시간이 흘러갔다. 그러고는 항상 저녁 무렵 산책하며 신에게 5차방정식의 정규부분군을 찾아내게 해달라고 간절히 요청했다. 그렇게 열흘 정도 지나고 이제는 하면 될 것 같다는 생각이 들었다.

일단 치환의 길이(length)를 정의하자. 치환의 길이란 치환에 나타나는 치환의 횟수이다. 예를 들어, (1 2)는 치환 시 α와 β를 서로 치환시키고 다른 근들은 고정이 된다. 따라서 길이는 2가 된다. (1 2 3 4 5)는 길이가 5인 치환이다.

먼저 가장 간단한 치환인 길이가 2인 치환들을 모아보자. 특히 길이 2인 치환을 **호환**이라고 부르자.

표 9-1 S_5에서 호환들의 종류

타입 1	(1 2), (1 3), (1 4), (1 5)	타입 3	(3 4), (3 5)
타입 2	(2 3), (2 4), (2 5)	타입 4	(4 5)

먼저 호환 (1 2), (1 3), (1 4), (1 5)를 서로 곱해보자. 그럼 어떤 실마리라도 찾을 수 있을 것이다.(미리 말하면 호환 (1 2), (2 3), (3 4), (4 5), (1 5) 다섯 개만 있으면 치환 전체를 만들 수 있다.)

(1 2)·(1 2)를 계산하면 모든 치환이 고정되므로 항등치환 e가 된다. (1 2)·(1 3)은

$1 \to 2 \to 2$ $2 \to 1 \to 3$
$3 \to 3 \to 1$ $4 \to 4 \to 4$
$5 \to 5 \to 5$

가 된다. 정리하면 (1 2 3)이 된다. 다른 치환들도 계산하면 아래 표와 같이 된다.

표 9-2 길이 2 치환 중 타입 1 치환들의 연산표

·	(1 2)	(1 3)	(1 4)	(1 5)
(1 2)	e	(1 3 2)	(1 4 2)	(1 5 2)
(1 3)	(1 2 3)	e	(1 4 3)	(1 5 3)
(1 4)	(1 2 4)	(1 3 4)	e	(1 5 4)
(1 5)	(1 2 5)	(1 3 5)	(1 4 5)	e

이 표에서 알 수 있는 것은 길이 2인 치환을 곱하면 길이 3인 치환이 된다는 것이다.

이번에는 (2 3), (2 4), (2 5)끼리 곱해보자.

표 9-3 길이 2 치환 중 타입 2 치환들의 연산표

·	(2 3)	(2 4)	(2 5)
(2 3)	e	(2 4 3)	(2 5 3)
(2 4)	(2 3 4)	e	(2 5 4)
(2 5)	(2 3 5)	(2 4 5)	e

이번에는 (1 2), (1 3), (1 4), (1 5)와 (2 3), (2 4), (2 5)를 곱해보자.

표 9-4 길이 2 치환 중 타입 1과 타입 2 치환들 사이의 연산표

·	(1 2)	(1 3)	(1 4)	(1 5)
(2 3)	(1 3 2)	(1 2 3)	(1 4)(2 3)	(1 5)(2 3)
(2 4)	(1 4 2)	(1 3)(2 4)	(1 2 4)	(1 5)(2 4)
(2 5)	(1 5 2)	(1 3)(2 5)	(1 4)(2 5)	(1 2 5)

나머지 (3 4), (3 5), (4 5)를 곱한 결과를 계산하자.

표 9-5 길이 2 치환 중 타입 3 치환들의 연산표

·	(3 4)	(3 5)	(4 5)
(3 4)	e	(3 5 4)	(4 5 3)
(3 5)	(3 4 5)	e	(3 5 4)
(4 5)	(3 5 4)	(3 4 5)	e

(다른 타입들의 치환의 곱들도 계산할 수 있다. 이것은 연습문제로 남겨둔다.)

표 9-6 길이 2 치환 중 타입 1, 타입 3, 타입 4 치환들의 연산표

·	(1 2)	(1 3)	(1 4)	(1 5)
(3 4)				
(3 5)				
(4 5)				

표 9-7 길이 2 치환 중 타입 2, 타입 3, 타입4 치환들의 연산표

·	(2 3)	(2 4)	(2 5)
(3 4)			
(3 5)			
(4 5)			

길이 2인 치환인 호환을 모두 곱해서 알 수 있는 것은 일단 다른 길이의 치환들이 만들어지므로 호환들만으로는 군이 될 수 없다.

그리고 길이 3인 치환들이 모두 구해진다. 그리고 치환의 형태가 (1 3)(2 4)인 치환들도 구해진다. 이런 치환들을 앞으로는 2×2 치환이라고 하자.

일단 호환을 제외한 후, 구해진 길이 3인 치환들과 2×2 치환들을 정리해보자. 8개의 치환형들이 나온다. 표 9-8의 타입 1과 타입 7의 치환을 모두 더해보면

$$6+6+6+2+6+6+3 = 35$$

표 9-8 길이 2×2 와 길이 3의 치환들

타입 1	(1 2 3), (1 2 4), (1 2 5), (1 3 2), (1 3 4), (1 3 5)
타입 2	(1 4 2), (1 4 3), (1 4 5), (1 5 2), (1 5 3), (1 5 4)
타입 3	(2 3 4), (2 3 5), (2 4 3), (2 4 5), (2 5 3), (2 5 4)
타입 4	(3 4 5), (3 5 4)
타입 5	(1 2)(3 4), (1 2)(3 5), (1 2)(4 5), (1 3)(4 5), (1 3)(2 4), (1 3)(2 5),
타입 6	(1 4)(3 5), (1 4)(2 3), (1 4)(2 5), (1 5)(3 4), (1 5)(2 3), (1 5)(2 4)
타입 7	(2 3)(4 5), (2 4)(3 5), (2 5)(3 4)

그럼 이번에도 동일하게 타입 1끼리 곱해보자.

표 9-9 길이 3의 타입 1 치환들의 연산표

·	(1 2 3)	(1 2 4)	(1 2 5)	(1 3 2)	(1 3 4)	(1 3 5)
(1 2 3)	(1 3 2)	(1 3)(2 4)	(1 3)(2 5)	e	(2 3 4)	(2 3 5)
(1 2 4)	(1 4)(2 3)	(1 4 2)	(1 4)(2 5)	(1 3 4)	(1 3)(2 4)	(1 3 5 2 4)
(1 2 5)	(1 5)(2 3)	(1 5)(2 4)	(1 5 2)	(1 3 5)	(1 3 4 2 5)	(1 3)(2 5)
(1 3 2)	e	(2 4 3)	(2 5 3)	(1 2 3)	(1 2)(3 4)	(1 2)(3 5)
(1 3 4)	(1 2 4)	(1 2)(3 4)	(1 2 5 3 4)	(1 4)(2 3)	(1 4 3)	(1 4)(3 5)
(1 3 5)	(1 2 5)	(1 2 3 4 5)	(1 2)(3 5)	(1 5)(2 3)	(1 5)(3 4)	(1 5 3)

결과를 보면 길이 3인 치환끼리 곱하면 결과가 기존에 알고 있는 길이 3인 치환, 2×2인 치환과 새롭게 길이 5인 치환이 새로 생성된다. 그런데 길이 4인 치환은 만들어지지 않는다.

그러면 타입 2 치환들끼리 곱해보자.

표 9-10 길이 3의 타입 2 치환들의 연산표

·	(1 4 2)	(1 4 3)	(1 4 5)	(1 5 2)	(1 5 3)	(1 5 4)
(1 4 2)	(1 2 4)	(1 2)(3 4)	(1 2)(4 5)	(1 5)(2 4)	(1 5 3 4 2)	(1 5 2)
(1 4 3)	(1 3)(2 4)	(1 3 4)	(1 3)(4 5)	(1 5 2 4 3)	(1 5)(3 4)	(1 5 3)
(1 4 5)	(1 5)(2 4)	(1 5)(3 4)	(1 5 4)	(2 4 5)	(3 4 5)	e
(1 5 2)	(1 4)(2 5)	(1 4 3 5 2)	(2 1 4)	(1 2 5)	(1 2)(3 5)	(1 2)(4 5)
(1 5 3)	(1 4 2 5 4)	(1 4)(3 5)	(1 4 3)	(1 3)(2 5)	(1 3 5)	(1 3)(4 5)
(1 5 4)	(2 5 4)	(3 5 4)	e	(1 4)(2 5)	(1 4)(3 5)	(1 4 5)

계산해야 하는 치환이 수가 많아지는데, 한 가지 추측할 수 있는 것은 2×2치환과 길이 3인 치환을 곱하면 다시 2×2 치환과 길이 3인 치환이 되거나 길이 5인 치환이 된다.

그림 앞에서 구한 2×2 치환과 길이 3인 치환의 개수를 알아보자. 표 9-8의 타입 1과 타입 7의 치환을 모두 더해보면

$$6+6+6+6+2+6+6+3 = 35$$

결과는 35가 된다. 항등 치환을 더하면 36이 된다. 그럼 위수가 60이 되기 위해서는 길이 5인 치환의 개수는 24개가 되어야 한다.

그건 굳이 계산할 필요없이 1, 2, 3, 4, 5를 이용해서 치환을 만들어보면 된다.

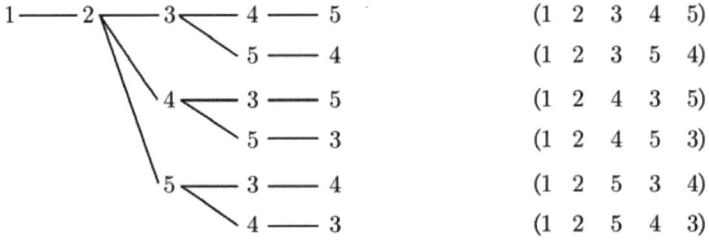

그림 9-1 (1−2−*−*−*)를 이용해서 치환 만들기

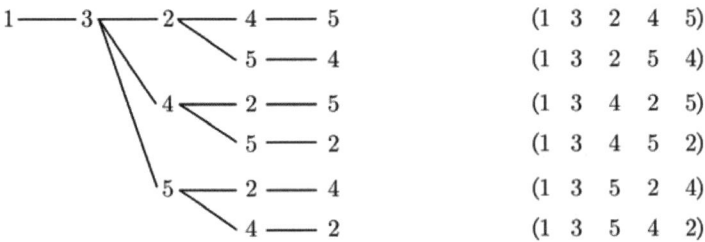

그림 9-2 (1−3−*−*−*)를 이용해서 치환 만들기

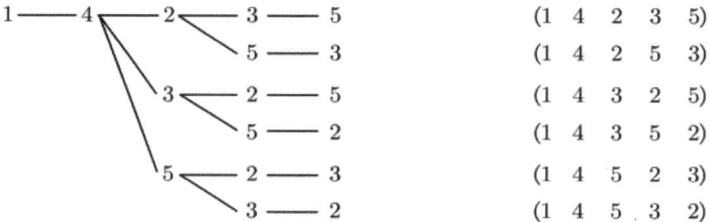

그림 9-3 $(1-4-*-*-*)$를 이용해서 치환 만들기

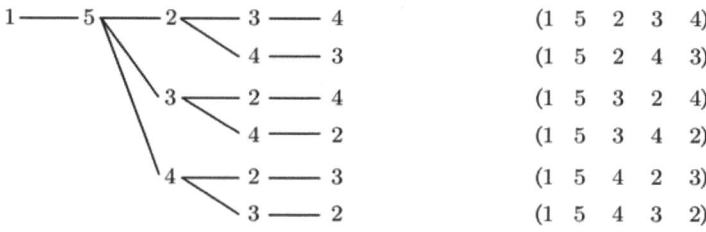

그림 9-4 $(1-5-*-*-*)$를 이용해서 치환 만들기

그럼 타입 1에서 타입 7을 곱해서 얻는 모든 치환을 다시 정리하면 다음 표와 같다.

표 9-11 A_5를 이루는 60개의 치환들

타입 1	(1 2 3), (1 2 4), (1 2 5), (1 3 2), (1 3 4), (1 3 5)
타입 2	(1 4 2), (1 4 3), (1 4 5), (1 5 2), (1 5 3), (1 5 4)
타입 3	(2 3 4), (2 3 5), (2 4 3), (2 4 5), (2 5 3), (2 5 4)
타입 4	(3 4 5), (3 5 4)
타입 5	(1 2)(3 4), (1 2)(3 5), (1 2)(4 5), (1 3)(4 5), (1 3)(2 4), (1 3)(2 5)
타입 6	(1 4)(3 5), (1 4)(2 3), (1 4)(2 5), (1 5)(3 4), (1 5)(2 3), (1 5)(2 4)
타입 7	(2 3)(4 5), (2 4)(3 5), (2 5)(3 4)
타입 8	(1 2 3 4 5), (1 2 3 5 4), (1 2 4 3 5), (1 2 4 5 3), (1 2 5 3 4), (1 2 5 4 3), (1 3 2 4 5), (1 3 2 5 4), (1 3 4 2 5), (1 3 4 5 2), (1 3 5 2 4), (1 3 5 4 2), (1 4 2 3 5), (1 4 2 5 3), (1 4 3 2 5), (1 4 3 5 2), (1 4 5 2 3), (1 4 5 3 2), (1 5 2 3 4), (1 5 2 4 3), (1 5 3 2 4), (1 5 3 4 2), (1 5 4 2 3), (1 5 4 3 2)

그럼 일단 원하는 60개의 치환을 구했다. 일단 60개의 치환들의 구조를 분석해보자. 표 9-2에서 2×2 치환이나 (1 5 2)= (1 5)·(1 2) 같은 길이 3인 치환은 모두 두 개의 호환의 곱으로 표현이 된다. 그리고 표 9-10을 보면 (1 5 2 4 3) 같은 길이 5인 치환은 (1 5 2)·(1 4 3)처럼 길이 3인 치환 2개가 곱해진 형태를 갖는다. 따라서 길이 5 치환은 4개의 호환이 곱해진 것이다.

즉, A_5의 60개의 치환들은 모두 짝수 개의 호환들의 곱으로 이루어져 있다.(이런 치환을 **우치환**이라 한다.)

A_5의 모든 치환들은 짝수 개의 호환의 곱이므로 (1 5 2 4 3)·(1 5 3) 같이 A_5의 치환들끼리의 곱은 반드시 짝수 개의 호환으로 이루어진 치환이 되므로 결과값은 반드시 A_5 중의 치환이 된다. **즉, 우치환끼리의 곱은 반드시 우치환이 된다.** 따라서 A_5에 포함된 치환끼리는 연산에 대해서 닫혀있으므로 군이 된다. (우치환을 모두 모아놓은 군을 **교대군**이라고 한다.) 반대로 120개 중 A_5를 제외한 다른 60개의 치환들은 홀수 개의 호환들의 곱으로 나타나므로 **기치환**이라고 한다. 이것을 B_5로 나타내면 B_5에 포함된 기치환들끼리의 곱은 우치환이 되므로 군이 될 수 없다.

그럼 위수 60인 군을 찾았다. 그런데 A_5가 S_5의 정규부분군이라는 것을 어떻게 확신할 수 있을까?

먼저 앞의 S_3과 S_4의 정규부분군을 만드는 치환들을 살펴보자. 공통점이 있을 것이다.

다음 표 9-12는 S_3의 연산표이다.

정규부분군인 A_3의 치환 e, σ, σ^2끼리 곱하면 A_3 중 하나로 귀결된다. 반면에 B_3의 치환 τ, $\tau\sigma$, $\tau\sigma^2$는 A_3와 곱하면 B_3가 되고, B_3끼리 곱하면 A_3가 된다. 즉 대칭 구조가 된다.

그럼 이번에는 S_4의 V의 연산표를 생각해보자(표 9-13).

S_4의 V도 역시 A_3와 같은 대칭 구조를 가진다.

표 9-12 S_3의 치환들의 연산표

·	e	σ	σ^2	τ	$\tau\sigma$	$\tau\sigma^2$
e	e	σ	σ^2	τ	$\tau\sigma$	$\tau\sigma^2$
σ	σ	σ^2	e	$\tau\sigma^2$	τ	$\tau\sigma$
σ^2	σ^2	e	σ	$\tau\sigma$	$\tau\sigma^2$	τ
τ	τ	$\tau\sigma$	$\tau\sigma^2$	e	σ	σ^2
$\tau\sigma$	$\tau\sigma$	$\tau\sigma^2$	τ	σ^2	e	σ
$\tau\sigma^2$	$\tau\sigma^2$	τ	$\tau\sigma$	σ	σ^2	e

표 9-13 V의 치환 연산표

·	e'	a	b	c
e'	e'	a	b	c
a	a	e'	c	b
b	b	c	e'	a
c	c	b	a	e'

마지막으로 S_5의 A_5에 대해서 생각해보자.

S_5의 A_5에 포함되지 않는 나머지 60개의 치환들 B_5를 고려해보자.

B_5 중 가장 간단한 것은 길이 2인 (1 2) 같은 치환과 길이 4인 (1 2 3 4) 같은 치환이다. 먼저 길이 2 치환 (1 2)와 길이 2 치환인 (3 4)를 곱하면 A_5의 타입 5가 된다.

$$(1\,2) \cdot (3\,4) = (1\,2)(3\,4)$$

다음으로 길이 4 치환을 서로 곱하면 다시 A_5 중의 하나의 치환이 된다.

$$(1\,2\,3\,4) \cdot (2\,4\,5\,3) = (1\,4)(3\,5)$$

길이가 다른 B_5끼리 곱해도 A_5치환이 된다.

$$(1\,2)\cdot(2\,4\,5\,3)=(1\,4\,5\,3\,2)$$

반면에 B_5 치환들과 A_5 치환을 곱하면 B_5가 된다.

$$(1\,2)\cdot(1\,4\,5\,3\,2)=(2\,4\,5\,3)$$

다른 B_5 치환들도 계산하면 동일한 결과를 얻는다.

정리해보면 모든 우치환(A_5)과 기치환(B_5)에 대해서

우치환(A_5) · 우치환(A_5) = 우치환(A_5)

우치환(A_5) · 기치환(B_5) = 기치환(B_5)

기치환(B_5) · 우치환(A_5) = 기치환(B_5)

기치환(B_5) · 기치환(B_5) = 우치환(A_5)

이 된다.

이 결과를 표로 정리해보면 다음과 같다. 표 9-12의 S_3과 표 9-13의 V의 연산표와 동일한 대칭 구조를 가진다.

표 9-14 S_5의 치환들의 연산표

·	A_5	B_5
A_5	A_5	B_5
B_5	B_5	A_5

즉, A_5의 60개 치환이 S_5의 제일 큰 정규부분군이 된다.

다음은 A_5 안에 있는 다른 정규부분군을 찾아야 한다. 이것 또한 막막한 일이다. 일단 앞에서 A_5를 찾을 때 한 것처럼 먼저 S_3과 S_4의 정규부분군을 분석해보자.

S_3의 정규부분군 A_3의 연산표이다.

표 9-15 A_3의 치환들의 연산표

·	(1)	(1 2 3)	(1 3 2)
(1)	(1)	(1 2 3)	(1 3 2)
(1 2 3)	(1 2 3)	(1 3 2)	(1)
(1 3 2)	(1 3 2)	(1)	(1 2 3)

다음 표는 S_4의 정규부분군인 $A_4 = VA_3$를 구성하는 $V \cup \sigma V \cup \sigma^2 V$를 연산한 결과이다.

표 9-16 $V \cup \sigma V \cup \sigma^2 V$의 치환들의 연산표

·	e	(1 2 3)	(1 3 2)	(1 2)(3 4)	(1 4)(2 3)	(1 3)(2 4)
e	e	(1 2 3)	(1 3 2)	(1 2)(3 4)	(1 4)(2 3)	(1 3)(2 4)
(1 2 3)	(1 2 3)	(1 3 2)	e	(1 3 4)	(1 4 2)	(2 4 3)
(1 3 2)	(1 3 2)	e	(1 2 3)	(2 3 4)	(1 4 3)	(1 2 4)
(1 2)(3 4)	(1 2)(3 4)	(2 4 3)	(1 4 3)	e	(1 3)(2 4)	(1 4)(2 3)
(1 4)(2 3)	(1 4)(2 3)	(1 3 4)	(1 2 4)	(1 3)(2 4)	e	(1 2)(3 4)
(1 3)(2 4)	(1 3)(2 4)	(1 4 2)	(2 3 4)	(1 4)(2 3)	(1 2)(3 4)	e

먼저 A_5에 있는 정규부분군의 위수를 추측해보자. A_5의 위수 60은 $5 \times 4 \times 3 \times 2 \times 1$으로 소인수분해되므로 만약에 정규부분군이 존재한다면 정규부분군으로 만들어지는 잉여군의 위수는 60의 약수 중 소수인 2, 3, 5중에 하나이어야 한다. 그럼 정규부분군의 위수는 12, 20, 30 중 하나이어야 한다.

그림에서 만약에 A_5에 정규부분군 N_5가 존재한다면 N_5의 위수는 12, 20, 30 중 하나이다.

$$\frac{|A_5|}{|N_5|} = 2,\ 3,\ 5$$

그림 9-5 A_5에 존재할 수 있는 정규부분군의 위수들

그리고 A_3와 A_4의 정규부분군들의 공통점은 다음과 같다.

- 정규부분군 원소들은 반드시 우치환으로 이루어져 있다.
- 정규부분군 원소들의 치환의 형은 모두 동일하다.

A_3의 경우 치환의 형이 모두가 길이 3이므로 곱해진 결과의 치환들도 길이가 3이다.

A_4의 경우는 치환의 형이 길이 3과 2×2형 치환으로 이루어져 있는데, 곱한 결과도 역시 같은 치환의 형을 유지한다. 다음은 A_3의 치환의 형과 치환들 끼리의 연산결과를 보여주고 있다. 연산결과도 반드시 길이 3인 치환이 된다.

표 9-17 A_3의 치환들의 길이

치환 기호	치환
e	(1)
σ	(1 2 3)
σ^2	(1 3 2)

표 9-18 A_3의 치환들의 연산표

·	(1)	(1 2 3)	(1 3 2)
(1)	(1)	(1 2 3)	(1 3 2)
(1 2 3)	(1 2 3)	(1 3 2)	(1)
(1 3 2)	(1 3 2)	(1)	(1 2 3)

즉, 정규부분군에 속하는 치환들을 서로 곱하면 반드시 동일한 치환의 형이 나와야 한다.

그럼 A_5 내의 치환의 형을 분석해보자. 먼저 표 9-11을 참고해서 길이 3인 치환들을 곱해보자. 길이 3인 치환들이 정규부분군이 되려면 모든 치환들의 곱에 대해서 길이 3 치환이나 2×2 치환이 나와야 한다.

그런데 이미 앞에서 계산한 연산표가 있다. 연산표를 보면 길이 3인 치환들을 곱하면 길이 5인 치환이 생성된다. 따라서 길이 3인 치환들만으로는 정규부분군이 될 수 없다.

표 9-19 길이 3인 치환들의 연산 시 길이 5인 치환이 생성되는 경우

·	(1 4 2)	(1 4 3)	(1 4 5)	(1 5 2)	(1 5 3)	(1 5 4)
(1 4 2)	(1 2 4)	(1 2)(3 4)	(1 2)(4 5)	(1 5)(2 4)	(1 5 3 4 2)	(1 5 2)
(1 4 3)	(1 3)(2 4)	(1 3 4)	(1 3)(4 5)	(1 5 2 4 3)	(1 5)(3 4)	(1 5 3)
(1 4 5)	(1 5)(2 4)	(1 5)(3 4)	(1 5 4)	(2 4 5)	(3 4 5)	e
(1 5 2)	(1 4)(2 5)	(1 4 3 5 2)	(2 1 4)	(1 2 5)	(1 2)(3 5)	(1 2)(4 5)
(1 5 3)	(1 4 2 5 4)	(1 4)(3 5)	(1 4 3)	(1 3)(2 5)	(1 3 5)	(1 3)(4 5)
(1 5 4)	(2 5 4)	(3 5 4)	e	(1 4)(2 5)	(1 4)(3 5)	(1 4 5)

그럼 이번에는 2×2형 치환들의 곱을 생각해보자. 일부만 계산해도 벌써 길이 3 치환과 길이 5 치환이 나온다. 그럼 다른 2×2형 치환들의 곱을 생각하면 나머지 길이 3과 길이 5 치환들도 나오게 된다.

즉, 2×2형 치환들로만 이루어진 정규부분군은 존재하지 않는다.(나머지 빈칸은 연습문제)

표 9-20 2×2형 치환들의 곱에 의해서 길이 3인 치환과 길이 5인 치환이 생성되는 경우

·	(1 2)(3 4)	(1 2)(3 5)	(1 2)(4 5)	(1 3)(4 5)	(1 4)(3 5)	(1 5)(3 4)
(1 2)(3 4)	e					
(1 2)(3 5)	(3 4 5)					
(1 2)(4 5)	(3 5 4)					
(1 3)(4 5)	(1 2 3 5 4)					
(1 4)(3 5)	(1 2 4 5 3)					
(1 5)(3 4)	(1 2 5)					

마지막으로 길이 5형으로만 이루어진 치환의 곱을 생각해보자.(나머지 빈 칸은 연습문제)

표 9-21 길이 5인 치환들의 곱에 의해서 길이 3인 치환과 2×2형 치환들이 생성되는 경우

·	(1 2 3 4 5)	(1 2 3 5 4)	(1 2 4 3 5)	(1 2 4 5 3)	(1 2 5 3 4)	(1 2 5 4 3)
(1 2 3 4 5)	(1 3 5 2 4)					
(1 2 3 5 4)	(1 3)(2 5)					
(1 2 4 3 5)	(1 4)(2 5)					
(1 2 4 5 3)	(1 4 3 5 2)					
(1 2 5 3 4)	(1 5 2 4 3)					
(1 2 5 4 3)	(1 5 2)					

길이 5 치환끼리 곱하면 다른 치환이 생성된다. 나머지 길이 5 치환들을 모두 교차해서 곱해보면 A_5의 다른 치환들도 구할 수 있다. 또다시 원점으로 돌아가서 원래의 60개의 치환으로 이루어진 군, A_5가 구해진다.

정리해보면, A_5의 위수 60은 $5 \times 3 \times 2 \times 2$으로 소인수분해되므로 만약에 정규부분군이 존재한다면 정규부분군으로 만들어지는 잉여군의 위수는 60의 약수 중 소수인 2, 3, 5 중 하나이어야 한다. 그럼 정규부분군의 위수는 12, 20, 30 중 하나이어야 한다. 그런데 조사해본 결과는 A_5 안에는 항등치환, $\{e\}$ 외에는 다른 정규부분군이 존재하지 않는다.(A_5처럼 자기 자신과 $\{e\}$만 정규부분군으로 가지는 군을 **단순군**이라고 한다.)

이것으로 A_5 안에는 항등치환, $\{e\}$ 외에는 다른 정규부분군이 존재할 수 없다는 것을 알 수 있다.

$$\frac{|S_5|}{|A_5|}=2 \qquad \frac{|A_5|}{|e|}=60$$
$$S_5 \quad \supset \quad A_5 \quad \supset \quad \{e\}$$

그림 9-6 S_5의 정규부분군들에 의해서 만들어지는 잉여군과 위수

아! 타르탈리아가 인류 최초로 허수를 처음 목격했듯이, 내가 5차방정식에는 근의 공식이 없다는 것을 최초로 목격한 사람이란 말인가? 그렇게 갈망한 결과인데 막상 증명을 하고 나니 어떤 허무함이 밀려온다. 신은 수학을 공부한 지 얼마 되지 않았고, 하는 일에 실패만 거듭하는 나를 주인공으로 택했는가?

나는 어두운 방 안을 나와 문을 열고 밝은 오후 봄햇살이 비치는 거리를 나선다. 그리고 나는 생각한다.

다음은 무엇을 해야 하나. 그리고 내가 당장 이것으로 무엇을 할 수 있단 말인가? 훗날 나의 이 위대한 발견을 유익하게 이용할 사람이 나올 것이다.

연습문제

1. 책에서 설명한 연산표들을 모두 완성하시오.

2. S_5의 정규부분군 A_5의 60개의 치환을 제외한 60개 치환들을 모두 구하시오.

3. 다음 S_5의 연산표를 완성하시오.

·	A_5	B_5
A_5		
B_5		

4. 다음의 S_5의 정규부분군과 잉여군의 관계에서 물음표 부분을 완성하시오.

$$\frac{|S_5|}{|A_5|} = ? \quad \frac{|A_5|}{|e|} = ?$$

$$S_5 \supset A_5 \supset \{e\}$$

5. A_5의 모든 치환을 컴퓨터 프로그래밍을 이용해서 출력해보시오(프로그래밍 언어 종류는 상관없다).

타입1	$(1\,2\,3)$, $(1\,2\,4)$, $(1\,2\,5)$, $(1\,3\,2)$, $(1\,3\,4)$, $(1\,3\,5)$
타입2	$(1\,4\,2)$, $(1\,4\,3)$, $(1\,4\,5)$, $(1\,5\,2)$, $(1\,5\,3)$, $(1\,5\,4)$
타입3	$(2\,3\,4)$, $(2\,3\,5)$, $(2\,4\,3)$, $(2\,4\,5)$, $(2\,5\,3)$, $(2\,5\,4)$
타입4	$(3\,4\,5)$, $(3\,5\,4)$
타입5	$(1\,2)(3\,4)$, $(1\,2)(3\,5)$, $(1\,2)(4\,5)$, $(1\,3)(4\,5)$, $(1\,3)(2\,4)$, $(1\,3)(2\,5)$
타입6	$(1\,4)(3\,5)$, $(1\,4)(2\,3)$, $(1\,4)(2\,5)$, $(1\,5)(3\,4)$, $(1\,5)(2\,3)$, $(1\,5)(2\,4)$
타입7	$(2\,3)(4\,5)$, $(2\,4)(3\,5)$, $(2\,5)(3\,4)$
타입8	$(1\,2\,3\,4\,5)$, $(1\,2\,3\,5\,4)$, $(1\,2\,4\,3\,5)$, $(1\,2\,4\,5\,3)$, $(1\,2\,5\,3\,4)$, $(1\,2\,5\,4\,3)$, $(1\,3\,2\,4\,5)$, $(1\,3\,2\,5\,4)$, $(1\,3\,4\,2\,5)$, $(1\,3\,4\,5\,2)$, $(1\,3\,5\,2\,4)$, $(1\,3\,5\,4\,2)$, $(1\,4\,2\,3\,5)$, $(1\,4\,2\,5\,3)$, $(1\,4\,3\,2\,5)$, $(1\,4\,3\,5\,2)$, $(1\,4\,5\,2\,3)$, $(1\,4\,5\,3\,2)$, $(1\,5\,2\,3\,4)$, $(1\,5\,2\,4\,3)$, $(1\,5\,3\,2\,4)$, $(1\,5\,3\,4\,2)$, $(1\,5\,4\,2\,3)$, $(1\,5\,4\,3\,2)$

5. B_5의 모든 치환을 컴퓨터 프로그래밍을 이용해서 출력해보시오(프로그래밍 언어 종류는 상관없다).

6. 길이 5인 치환(타입 8)을 모두 곱해서 60개의 치환이 나오는지 프로그래밍을 이용해서 확인해보시오(프로그래밍 언어 종류는 상관없다).

10

갈루아, 현대 대수학으로 5차방정식 불가해성을 증명하다

다음은 현대 대수학에서 일반적인 5차방정식에선 근의 공식이 존재하지 않는다는 것을 증명하는 과정이다.

1. 군(group)의 정의와 여러 가지 군의 특징을 알아본다.
2. 군이 가해군이 되는 조건을 알아본다.
3. 방정식의 근이 제곱근과 사칙연산으로 표현되는 체의 정의에 대해서 알아본다.
4. 방정식의 해를 포함하는 체인 최소분해체를 알아본다.
5. 불변부분군과 불변체의 대응에 대해서 알아본다.
6. 갈루아군과 정규확대체에 대해서 알아본다.
7. 1의 거듭제곱근이 만드는 체와 그 갈루아군을 대해서 알아본다.
8. 쿠머 확대는 가해군임을 알아본다.
9. 순환 확대는 다시 거듭순환 확대로 표시할 수 있다.
10. "Q 위의 방정식 $f(x) = 0$의 해가 거듭제곱근으로 표현된다.
    $\Leftrightarrow$ $f(x) = 0$의 갈루아군이 가해군이다."를 증명한다.
11. '코시의 정리'를 이용해서 근의 공식이 없는 5차방정식의 반례를 알아본다.

1. 군의 정의와 여러 가지 군의 특징

군(group)을 언급할 때 먼저 사칙연산의 결과가 수집합에 대해서 닫혀 있는가를 예를 든다.

정수 범위에서 덧셈의 경우 5+4의 결과인 9는 정수의 범위에 놓이게 된다. $4-5=-1$에서 -1이 정수에 속하기 때문에 뺄셈도 정수 범위에서 연산을 할 수 있다.

곱셈도 $5 \times 4 = 20$이 되므로 정수 범위에서 연산이 가능하다. 반면에 나눗셈은 다음처럼 $5 \div 4 = 1.25$가 되어서 나눗셈은 정수 범위에서 연산이 가능하지 않다. 그러나 나눗셈의 경우에도 수의 범위를 유리수로 넓히면 연산이 가능하다.

군이란 사칙연산처럼 어떤 연산의 결과값이 지정한 범위의 원소로 표현이 되느냐를 정의한 것이다.

다음은 군의 정의이다.

군의 정의

집합 $G(\neq \varnothing)$가 다음 ① ~ ④를 만족시킬 때 G를 군이라고 한다.
① G의 임의의 원소 x, y에 대해 연산(·로 표시)이 있고 x, y가 G에 속해 있다.
② 연산에 대해 결합법칙이 성립한다.
$$(x \cdot y) \cdot z = x \cdot (y \cdot z)$$
③ G의 임의의 원소 x에 대하여
$$x \cdot e = e \cdot x = e$$
를 만족시키는 e가 존재한다. e를 항등원(identity)이라 한다.
④ G의 임의의 원소 x에 대하여
$$y \cdot z = z \cdot y = e$$
를 만족시키는 z가 존재한다. 이러한 z를 y의 역원(inverse)이라 하고 y^{-1}으로 쓴다.

앞에서 예로 든 사칙연산 중 덧셈이 군의 네 가지 조건을 만족하는지 확인해보자. 먼저 정수 집합에서 연산을 해보면

① $5+4=9$, $-3+5=2$가 되어서 정수끼리의 덧셈은 정수가 된다.
② $(5+4)+9=5+(4+9)$가 되어서 결합법칙이 성립한다.
③ $5+0=0+5=5$가 되어서 0을 항등원으로 가지고 있다.
④ $5+(-5)=(-5)+5=0$이 되어서 정수에 대한 역원도 가지고 있다.

정수 집합에서 정수끼리의 덧셈은 군의 네 가지 조건을 만족하므로 군이 된다. 그럼, 이번에는 곱셈에 대해서 군이 되는지 확인해보자.

① $5\times4=20$, $-3\times5=-15$가 되어서 정수끼리의 곱셈의 결과는 정수가 된다.
② $(5\times4)\times9=5\times(4\times9)$이 되어서 결합법칙도 성립한다.
③ $5\times1=1\times5=5$이 되어서 곱셈의 항등원은 1이 된다.
④ $5\times\frac{1}{5}=1$이 되어서 곱셈의 역원은 유리수가 되어서 정수가 되지 않는다.

곱셈 연산은 정수 집합에서 정수에 대한 역원이 정수가 되지 않으므로 군이 되지 않는다.

그러나 정수가 아니라 범위를 넓혀서 유리수나 실수가 되었을 때는 곱셈 연산도 군이 된다.

우리에게 익숙한 사칙연산을 이용해서 군의 정의를 알아보았다. 그러나 연산이라는 것은 대상에 대해서 어떤 행위를 나타내는 것이므로 연산은 우리가 임의로 정할 수 있다.

시계의 분침을 예로 들어보자.

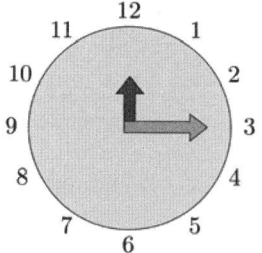 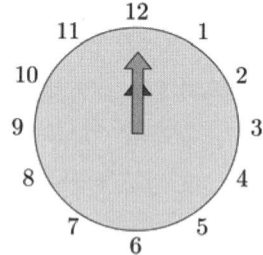

그림 10-1 시계의 분침을 이용한 연산　**그림 10-2** 시계 회전 연산의 항등원

시계의 분침 회전을 연산(·)으로 정의하자. 그리고 이 시계는 한 번에 10분씩만 회전한다. 분침이 그림 10-2처럼 12를 가리키는 상태, 즉 어떤 회전도 안 한 상태를 e라 하자.

그림 10-3처럼 분침이 10분 회전하는 것을 σ라고 하자.

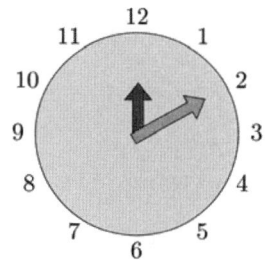

그림 10-3 시계 회전 연산의 σ

그림처럼 20분 회전한 것은 σ와 회전 연산(·)을 이용해서 $\sigma \cdot \sigma = \sigma^2$로 쓸 수 있다.

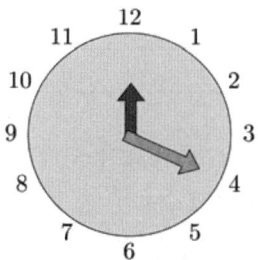

그림 10-4 시계 회전 연산의 $\sigma \cdot \sigma$

σ와 회전 연산(·)을 이용하면 다른 위치의 값들도 얻을 수 있다.

$$\sigma \cdot \sigma \cdot \sigma = \sigma^3$$
$$\sigma \cdot \sigma \cdot \sigma \cdot \sigma = \sigma^4$$
$$\sigma \cdot \sigma \cdot \sigma \cdot \sigma \cdot \sigma = \sigma^5$$
$$\sigma \cdot \sigma \cdot \sigma \cdot \sigma \cdot \sigma \cdot \sigma = \sigma^6$$

σ^6는 원래의 12 위치로 되돌아온다. 따라서 $\sigma^6 = e$로 나타낼 수 있다. 그럼 이번에는 시계회전이 군이 되는지 알아보자.
$G = \{e, \sigma, \sigma^2, \sigma^3, \sigma^4, \sigma^5\}$라고 놓으면

① $\sigma \cdot \sigma = \sigma^2,$

$\sigma^3 \cdot \sigma^4 = \sigma^7 = \sigma^6 \cdot \sigma = e \cdot \sigma = \sigma$

가 되어서 회전 연산에 대해서 결과값은 G에 닫혀 있다.

② $(\sigma \cdot \sigma^2) \cdot \sigma^3 = \sigma^3 \cdot \sigma^3 = \sigma^6 = e$

$\sigma \cdot (\sigma^2 \cdot \sigma^3) = \sigma \cdot \sigma^5 = \sigma^6 = e$

가 되므로 결합법칙이 성립한다.

③ G의 임의의 원소 x에 대해서

$x \cdot \sigma^6 = \sigma^6 \cdot x = x$가 되므로 항등원은 $e = \sigma^6$이 된다.

④ G의 임의의 원소 y에 대해서

$y \cdot z = z \cdot y = e = \sigma^6$이 되는 y에 대한 역원 z는 아래와 같다.

표 10-1 시계 회전 원소에 대한 역원들

y	σ	σ^2	σ^3	σ^4	σ^5
z	σ^5	σ^4	σ^3	σ^2	σ

따라서 시계 회전 연산은 G에 대해서 군이 된다. 그리고 시계 회전 연산은 정수나 유리수의 덧셈 연산의 군과는 달리 군에 속하는 원소가 유한개이므로 **유한군**이라고 한다. 그리고 σ를 계속 곱하면(연산하면) 군의 모든 원소를 나타낼 수 있으므로 이런 군을 **순환군**(cyclic group)이라고 부르고, $\langle \sigma \rangle$로 표시한다.

2. 군의 동형

군을 이루는 연산은 여러 가지가 있다. 그러나 군에 대해서 실행되는 연산의 구조가 같은 것들이 있다. 현실에서도 사람과 박쥐는 엄연히 다른 종의 동물이다. 그러나 아무 공통점이 없을 것 같은 사람, 박쥐, 고래는 분석해보

면 같은 포유류라는 공통점을 보인다.

이처럼 군들끼리도 다른 대상에 대해서 연산을 수행하지만 같은 구조를 가지는 것들이 있다. 이런 군들을 **동형**(同型, isomorphism)이라고 한다.

군의 동형을 설명하기 위해서 정수를 6으로 나누었을 때의 나머지로 군을 만들어보자.

$1 \div 6$의 나머지는 1이 된다. $14 \div 6$의 나머지는 2가 된다. 이처럼 정수를 6으로 나누면 모든 정수는 나머지가 0에서 5인 정수로 분류가 된다.

그림처럼 1에서 5 사이의 나머지를 가지는 정수들을 각각 $\bar{1}, \bar{2}, \bar{3}, \bar{4}, \bar{5}$라고 표시한다.

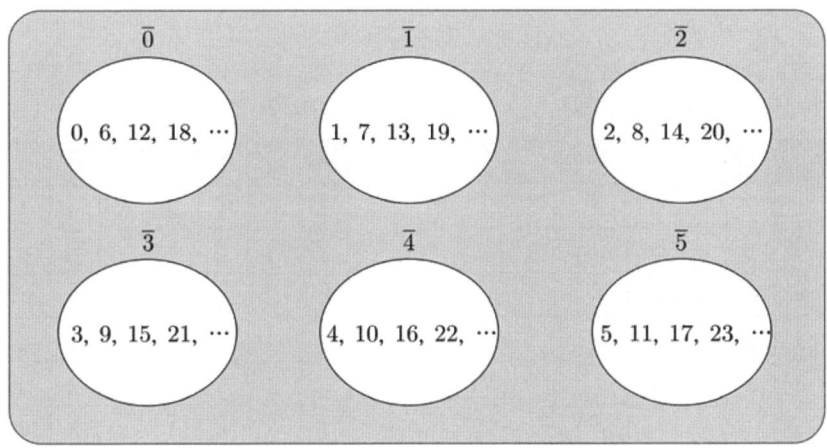

그림 10-5 정수를 6으로 나눈 나머지들의 집합

그럼 이 나머지들의 집합들끼리 덧셈 연산에 대해서 군이 되는지 확인해 보자.

① $\bar{1} + \bar{2}$는 6으로 나눈 나머지가 1인 정수와 2인 정수를 더한 경우이다. $1+2$나 $7+14$와 같은 경우이다. 더해서 계산해보면 3과 21이 되어서 $\bar{3}$ 즉, 나머지가 3이 되는 정수가 된다.

$\bar{1} + \bar{2} = \bar{3}$가 된다. 다른 나머지의 덧셈 연산도 결과는 6으로 나눈 나머지 중 하나가 된다. 따라서 덧셈 연산은 나머지에 대해서 닫혀 있다.

② $(\bar{1}+\bar{2})+\bar{3}=\bar{1}+(\bar{2}+\bar{3})$가 되어서 결합법칙도 성립한다.
③ 임의의 $\bar{x}$에 대해서 $\bar{x}+\bar{0}=\bar{0}+\bar{x}=\bar{x}$가 성립하므로 항등원은 $\bar{0}$가 된다.
④ 다음은 각각의 나머지에 대해서 더하면 항등원이 되는 것들을 나타내고 있다. 따라서 각각의 나머지에 대해서 역원들이 존재한다.

y	$\bar{0}$	$\bar{1}$	$\bar{2}$	$\bar{3}$	$\bar{4}$	$\bar{5}$
y^{-1}	$\bar{0}$	$\bar{5}$	$\bar{4}$	$\bar{3}$	$\bar{2}$	$\bar{1}$

따라서 6으로 나눈 정수들의 나머지 집합은 군을 이룬다. 이런 군을 6의 **잉여군(또는 몫군, factor group or quotient group)**이라고 하고, $Z/6Z$로 표기한다.

그럼 이번에는 $Z/6Z$와 시계 회전군을 비교해보자.

표 10-2 시계 연산 곱셈표

$\cdot$	e	σ	σ^2	σ^3	σ^4	σ^5
e	e	σ	σ^2	σ^3	σ^4	σ^5
σ	σ	σ^2	σ^3	σ^4	σ^5	e
σ^2	σ^2	σ^3	σ^4	σ^5	e	σ
σ^3	σ^3	σ^4	σ^5	e	σ	σ^2
σ^4	σ^4	σ^5	e	σ	σ^2	σ^3
σ^5	σ^5	e	σ	σ^2	σ^3	σ^4

표 10-2 $Z/6Z$ 곱셈표

$+$	$\bar{0}$	$\bar{1}$	$\bar{2}$	$\bar{3}$	$\bar{4}$	$\bar{5}$
$\bar{0}$	$\bar{0}$	$\bar{1}$	$\bar{2}$	$\bar{3}$	$\bar{4}$	$\bar{5}$
$\bar{1}$	$\bar{1}$	$\bar{2}$	$\bar{3}$	$\bar{4}$	$\bar{5}$	$\bar{0}$
$\bar{2}$	$\bar{2}$	$\bar{3}$	$\bar{4}$	$\bar{5}$	$\bar{0}$	$\bar{1}$
$\bar{3}$	$\bar{3}$	$\bar{4}$	$\bar{5}$	$\bar{0}$	$\bar{1}$	$\bar{2}$
$\bar{4}$	$\bar{4}$	$\bar{5}$	$\bar{0}$	$\bar{1}$	$\bar{2}$	$\bar{3}$
$\bar{5}$	$\bar{5}$	$\bar{0}$	$\bar{1}$	$\bar{2}$	$\bar{3}$	$\bar{4}$

두 개의 군을 비교해보면 우선 군의 위수가 6개로 일치하고 있다. 그리고 σ의 지수와 잉여류의 나머지와 일대일로 대응한다. 항등원 e와 $\bar{0}$가 대응하고 역원 역시 일대일로 대응하고 있다.

박쥐와 사람을 엑스레이로 분석해보면 사람의 손가락 수와 박쥐의 손가락 수는 같다. 그리고 관절의 구조와 그 개수도 일치한다. 즉 사람과 박쥐는 같은 포유류인 것이다. 동일하게 시계 회전군과 $Z/6Z$ 군은 군의 원소만 다를 뿐 군의 구조는 일치한다.

이런 두 군의 관계를 동형(同型, isomorphism)이라고 한다.

3. 부분군

군 G에서 원소의 일부 또는 모두를 이용하여 만든 집합 H가 군의 정의를 만족시킬 때, H는 G의 **부분군**(subgroup)이라고 한다.

앞의 시계회전군을 C_6라고 하자. 이번에는 C_6에 포함되어 있는 원소들로 이루어진 부분군을 알아보자.

$C_6 = \{e, \sigma, \sigma^2, \sigma^3, \sigma^4, \sigma^5\}$라고 놓으면 우선 항등원 $\{e\}$와 자기 자신 C_6는 무조건 부분군이 된다. $\{e\}$는 e가 역원인 동시에 항등원이 된다. 그리고 $\{e, \sigma^3\}$가 부분군이 된다. 다음 곱셈표를 보면 $\sigma^3 \cdot \sigma^3 = \sigma^6 = e$가 되어서 원소끼리의 연산이 $\{e, \sigma^3\}$에 닫혀 있다. 항등원은 e이고, 역원은 자기 자신이다.

표 10-3 $\{e, \sigma^3\}$의 곱셈표

·	e	σ^3
e	e	σ^3
σ^3	σ^3	e

다음은 $\{e, \sigma^2, \sigma^4\}$가 부분군이 된다.

표 10-4 $\{e, \sigma^2, \sigma^4\}$의 곱셈표

·	e	σ^2	σ^4
e	e	σ^2	σ^4
σ^2	σ^2	σ^4	e
σ^4	σ^4	e	σ^2

따라서 C_6의 부분군의 개수는 4개가 된다. 그리고 곱셈표에서도 알 수 있듯이 순환군인 C_6의 부분군은 모두 순환군이 된다. 따라서 2개의 순환군을 $\langle \sigma^2 \rangle$와 $\langle \sigma^4 \rangle$로 표시한다.

앞에서 군의 동형에 대해서 알아보았다. 7장에서 살펴본 3차방정식의 근

의 치환 연산도 역시 군이 된다.

표 10-5 3차방정식의 6개의 치환

근의 치환	치환방법		치환 기호
$\alpha \to \alpha,\ \beta \to \beta,\ \gamma \to \gamma$	$\begin{pmatrix}1\ 2\ 3\\1\ 2\ 3\end{pmatrix}$	(1)	e
$\alpha \to \beta,\ \beta \to \gamma,\ \gamma \to \alpha$	$\begin{pmatrix}1\ 2\ 3\\2\ 3\ 1\end{pmatrix}$	$(1\ 2\ 3)$	σ
$\alpha \to \gamma,\ \beta \to \alpha,\ \gamma \to \beta$	$\begin{pmatrix}1\ 2\ 3\\3\ 1\ 2\end{pmatrix}$	$(1\ 3\ 2)$	σ^2
$\alpha \to \alpha,\ \beta \to \gamma,\ \gamma \to \beta$	$\begin{pmatrix}1\ 2\ 3\\1\ 3\ 2\end{pmatrix}$	$(2\ 3)$	τ
$\alpha \to \gamma,\ \beta \to \beta,\ \gamma \to \alpha$	$\begin{pmatrix}1\ 2\ 3\\3\ 2\ 1\end{pmatrix}$	$(1\ 3)$	$\tau\sigma$
$\alpha \to \beta,\ \beta \to \alpha,\ \gamma \to \gamma$	$\begin{pmatrix}1\ 2\ 3\\2\ 1\ 3\end{pmatrix}$	$(1\ 2)$	$\gamma\sigma^2$

3차방정식의 근의 치환으로 이루어진 군의 원소는 다음과 같다.

$$S_3 = \{e, \sigma, \sigma^2, \tau, \tau\sigma, \tau\sigma^2\}$$

다음은 S_3의 곱셈표이다.

표 10-6 S_3의 곱셈표

$\cdot$	e	σ	σ^2	τ	$\tau\sigma$	$\tau\sigma^2$
e	e	σ	σ^2	τ	$\tau\sigma$	$\tau\sigma^2$
σ	σ	σ^2	e	$\tau\sigma^2$	τ	$\tau\sigma$
σ^2	σ^2	e	σ	$\tau\sigma$	$\tau\sigma^2$	τ
τ	τ	$\tau\sigma$	$\tau\sigma^2$	e	σ	σ^2
$\tau\sigma$	$\tau\sigma$	$\tau\sigma^2$	τ	σ^2	e	σ
$\tau\sigma^2$	$\tau\sigma^2$	τ	$\tau\sigma$	σ	σ^2	e

다음은 라그랑주의 정리에 대해서 알아보자.

정리 10-1 라그랑주의 정리

H가 G의 부분군일 때 H의 위수는 G의 위수의 약수이어야 한다.

예를 들어, S_3의 위수는 6이므로, S_3의 부분군의 위수는 1, 2, 3, 6 가운데 하나이어야 한다. 절대로 위수가 4인 군은 S_3의 부분군이 될 수 없다.

찾아보면, $\{e\}$, $\langle \tau \rangle = \{e, \tau\}$, $\langle \tau\sigma \rangle = \{e, \tau\sigma\}$, $\langle \tau\sigma^2 \rangle = \{e, \tau\sigma^2\}$, $\langle \sigma \rangle = \{e, \sigma, \sigma^2\}$, S_3으로 모두 6개가 된다.

다음은 정규부분군의 정의이다.

정리 10-2 정규부분군 정의

H가 유한군 G의 부분군일 때, G의 임의의 원소 a에 대해서
$$aH = Ha$$
가 성립할 때 H를 G의 정규부분군(normal subgroup)이라 한다.

표 10-6의 S_3의 곱셈표를 보면

$$\tau \cdot \langle \sigma \rangle = \{\tau, \tau\sigma^2, \tau\sigma\}$$

가 된다. 위치를 바꾸어서

$$\langle \sigma \rangle \cdot \tau = \{\tau, \tau\sigma^2, \tau\sigma\}$$

가 된다. 다른 원소들도 해보면 같은 값들이 나온다. 따라서 $\langle \sigma \rangle$는 S_3의 정규부분군이 된다.

다음은 잉여군의 정의이다.

정리 10-3 잉여군 정의

H가 G의 정규부분군일 때, G의 H에 의한 잉여류는 군이 된다.
이 군을 G의 H에 의한 잉여군이라 하고, G/H로 쓴다.

다시 표 10-6의 S_3의 곱셈표를 보면, 곱셈표의 값들은 다음과 같이 정규부분군 $\langle\sigma\rangle$와 $\langle\sigma\rangle$와 τ, $\tau\sigma$, $\tau\sigma^2$ 중 하나의 곱으로 표현할 수 있다. τ를 이용해서 표현하면

$$G/H = \langle\sigma\rangle \cup \tau \cdot \langle\sigma\rangle$$

그리고 $\langle\sigma\rangle$와 $\tau \cdot \langle\sigma\rangle$는 군을 이룬다. 다음은 두 잉여류의 곱셈표이다.

표 10-7 잉여류의 곱셈표

·	$\langle\sigma\rangle$	$\tau \cdot \langle\sigma\rangle$
$\langle\sigma\rangle$	$\langle\sigma\rangle$	$\tau \cdot \langle\sigma\rangle$
$\tau \cdot \langle\sigma\rangle$	$\tau \cdot \langle\sigma\rangle$	$\langle\sigma\rangle$

위수가 군의 절반인 부분군은 정규부분군이 된다.

정리 10-4 위수가 절반인 부분군은 정규부분군

H가 G의 부분군이고, $|H| = \dfrac{|G|}{2}$이면, H는 정규부분군이다.

S_3에서 잉여군

$$G/H = \langle\sigma\rangle \cup \tau \cdot \langle\sigma\rangle$$

을 만드는 정규부분군 $\langle\sigma\rangle$은 S_3를 정확히 두 부분을 나누고 있다. 따라서

⟨σ⟩의 위수는 S_3의 절반인 3개이다.

4차방정식의 치환군인 S_4를 고려하면 $S_4 = VA_3 \cup VB_3$로 분할되므로, VA_3는 위수가 S_4의 반인 12개이고 따라서 정규부분군이 된다.

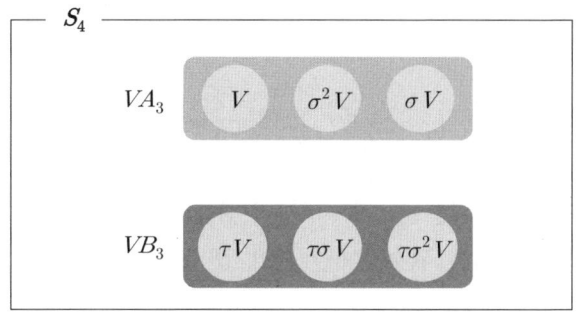

그림 10-6 S_4의 잉여군 구조

다음은 3차방정식의 S_3와 4차방정식의 S_4처럼 가해군이 되는 조건을 알아보자.

정리 10-5 가해군이 되는 조건

G에 대한
$$G = H_0 \supset H_1 \supset H_2 \supset \cdots H_{s-1} \supset H_s = \{e\}$$
라는 부분군의 열에서 H_i가 H_{i-1}의 정규부분군이고, 잉여군 H_{i-1}/H_i $i = 1, \cdots, s$)가 순환군일 때, G를 가해군(solvable group)이라 한다. H_i가 H_{i-1}의 정규부분군이 되는 부분군의 열을 정규열(normal series)이라 한다. 그리고 H_{i-1}/H_i가 순환군이 될 때, 가해열(solvable series)이라 한다.

다음은 7장에서 알아본 3차방정식의 대칭군 S_3의 가해군 열을 보여주고 있다.

$$\frac{|S_3|}{|A_3|}=2 \quad \frac{|A_3|}{|e|}=3$$

$$S_3 \supset A_3 \supset \{e\}$$

그림 10-7 S_3의 정규부분군들에 의해서 만들어지는 잉여군과 위수

각각의 부분군은 정규부분군들이고, 정규부분군들에 의해서 생기는 잉여군의 위수는 2와 3이다. 그런데 군의 위수가 소수이면 라그랑주의 정리에 의해서 군의 부분군의 위수는 1과 자기자신밖에 없다.

예를 들어, 다음처럼 위수가 5인 군이 있다면

$$\{e, \sigma, \sigma^2, \sigma^3, \sigma^4\}$$

$\sigma = \sigma^3$이라면

$$\sigma \cdot \sigma^{-1} = \sigma^3 \cdot \sigma^{-1}$$
$$e = \sigma^2$$

이 되어 부분군 $\{e, \sigma, \sigma^2\}$이 만들어져 라그랑주의 정리에 위배가 된다. 따라서 **위수가 소수인 군은 반드시 순환군이 된다.** 따라서 S_3은 가해군이다.

다음은 4차방정식의 S_4의 정규부분군 열이다. 각각의 잉여군이 위수가 2, 3, 2, 2로 소수가 되므로 잉여군이 순환군이 된다. 따라서 S_4는 가해군이 된다.

$$\frac{|S_4|}{|VA_4|}=2 \quad \frac{|VA_4|}{|V|}=3 \quad \frac{|V|}{|N|}=2 \quad \frac{|V|}{|N|}=2$$

$$S_4 \supset VA_3 \supset V \supset N \supset \{e\}$$

그림 10-8 S_4의 정규부분군들에 의해서 만들어지는 잉여군과 위수

그리고 시계회전군과 같은 순환군은 가해군이 된다. 증명을 해보면 $G = C_6$라 두면 G의 정규부분군은 $\{e\}$에 대해서 다음처럼 가해열을 만들 수 있다.

$$G = C_6 \supset \{e\}$$

따라서 $C_6/\{e\}$는 순환군이 되므로 정리 10-5에 의해서 C_6는 가해군이 된다.

정리 10-6 잉여군도 가해군

N이 G의 정규부분군일 때,
G가 가해군 $\Leftrightarrow$ N과 G/N은 가해군이다.

3차방정식의 치환군 S_3로 설명해보면, 먼저 S_3가 가해군이므로 정리 10-5에 의해서 다음과 같이 가해군열이 만들어진다.

$$S_3 \supset A_3 \supset \{e\}$$

7장에서 잉여군 S_3/A_3은 $\{A_3, B_3\}$가 되므로 순환군이 되어 가해군이 된다. 정규부분군 A_3도 $\{e\}$에 대해서 잉여군 $A_3/\{e\} = A_3$이 순환군이 되므로 가해군이 된다.

반대로 A_3과 S_3/A_3이 가해군이면, S_3/A_3는 다음과 같이 가해군 열을 만들 수 있다.

$$S_3/A_3 = \{A_3, B_3\} \supset \{A_3\}$$

다시 S_3로 표시하기 위해서 A_3를 양변에 곱하면, S_3는 잉여군의 곱셈표에 의해서 다음과 같이 된다.

$$S_3 = \{e, \sigma, \sigma^2, \tau, \tau\sigma, \tau\sigma^2\} \supset \{e, \sigma, \sigma^2\} \supset \{e\}$$

따라서 그림 10-5와 같이 가해군열을 형성되어서 S_3는 가해군이 된다.*

지금까지 배운 군에 관한 정리들이 뒷부분에서 배우는 다항식의 근들이 만드는 대수체에 적용되어서 갈루아 이론 증명에 사용된다.

---

* 더 자세한 증명은 카페 참고

연습문제

1. 시계 회전처럼 일상생활에서 연산을 정의해서 군을 만들어보시오.

11

복소수로 방정식의 근 표현하기

5차 이상의 방정식은 근의 공식을 가지지 않는다는 것을 증명하기 위해선 $x^n - 1 = 0$ 형태의 방정식의 특징을 알아보는 것이 중요하다.
$x^n - 1 = 0$ 형태의 방정식을 **원분 방정식**이라 한다.

먼저 대수학의 기본정리에 대해서 알아보자.

정리 11-1 대수학의 기본 정리

n차방정식은 n개의 해(중근을 포함하여)를 갖는다.

$x^2 - 2 = 0$을 풀어보면 근은 $\sqrt{2}$와 $-\sqrt{2}$, 2개과 나온다.
$x^2 + 2 = 0$은 실수 범위에선 근이 없다. 그러나 복소수를 포함하면 근은 $\sqrt{2}\,i$와 $-\sqrt{2}\,i$, 2개가 된다.
즉, n차방정식은 복소수 범위에서 n개의 해를 갖는다는 것을 가우스(C.F. Gauss, 1777-1855)가 증명했다.

1. 복소수의 극형식

복소수 $a+bi$는 복소평면을 이용해서 극형식으로 나타낼 수 있다.

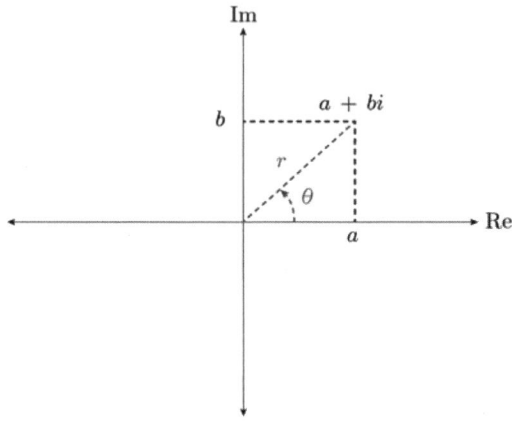

그림 11-1 복소수를 극형식으로 표현하기

정리 11-2 복소수를 극형식으로 표현하기

$a+bi = r(\cos\theta + i\sin\theta)$
$r = \sqrt{a^2+b^2}$, $\sin\theta = \dfrac{b}{r}$, $\cos\theta = \dfrac{a}{r}$

$1+i$를 극형식으로 표현해보자.

$$r = \sqrt{1^2+1^2} = \sqrt{2},\ \sin\theta = \dfrac{1}{\sqrt{2}},\ \cos\theta = \dfrac{1}{\sqrt{2}}$$

따라서

$$1+i = \sqrt{2}\,(\cos 45° + i\sin 45°)$$

가 된다.

이번에는 복소수의 n제곱에 대해서 알아보자.

정리 11-3 복소수의 n제곱

$$\{r(\cos\theta + i\sin\theta)\}^n = r^n(\cos n\theta + i\sin n\theta)$$

이번에는 $(1+i)^{10}$을 계산해보자.

먼저 $1+i = \sqrt{2}(\cos 45° + i\sin 45°)$이므로 정리 11-3을 이용하면

$$(1+i)^{10} = \{\sqrt{2}(\cos 45° + i\sin 45°)\}^{10}$$
$$= (\sqrt{2})^{10}(\cos 450° + i\sin 450°)$$

이다. $450° = 360° + 90°$이므로

$$= (\sqrt{2})^{10}(\cos 450° + i\sin 450°)$$
$$= 2^5\{\cos(360° + 90°) + i\sin(360° + 90°)\}$$
$$= 2^5(\cos 90° + i\sin 90°) = 32i$$

따라서 $(1+i)^{10}$은 $32i$가 된다.

2. $x^n - 1 = 0$의 해 구하기

$x^3 - 1 = 0$의 해를 구해보자.
$x = r(\cos\theta + i\sin\theta)$를 $x^3 - 1 = 0$에 대입하면

$$\{r(\cos\theta + i\sin\theta)\}^3 - 1 = 0$$

$$\therefore r^3(\cos 3\theta + i\sin 3\theta) = 1$$
$$r^3 = 1,\ 3\theta = 0° + 360° \times k\ (k는 정수)$$
$$\therefore r = 1,\ \theta = 120° \times k \qquad (k는 정수)$$

θ는 3을 주기로 순환한다. 따라서 $\cos 3\theta + i\sin 3\theta$를 복소평면에 나타내면 3개가 되고, 이것은 그림처럼 복소평면 위의 단위원을 $120°$씩 3등분하게 된다. 따라서 $x^3 - 1 = 0$의 해는 3개가 된다.

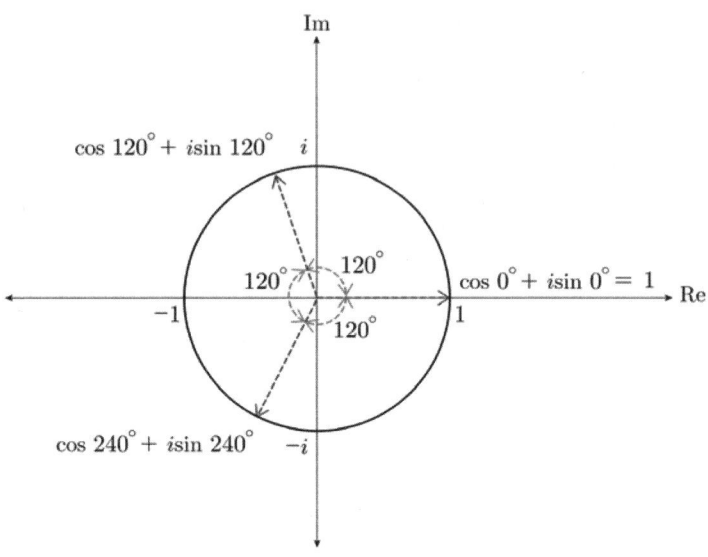

그림 11-2 복소평면에서 $x^3 - 1 = 0$의 세 개의 근

$\zeta = \cos 120° + i \sin 120°$ 라고 놓으면 $x^3 - 1 = 0$의 세 개의 근은 $x = 1$, ζ, ζ^2으로 나타낸다. 일반적으로 $x^n - 1 = 0$의 해를 1의 n제곱근이라고 한다. 앞의 예는 1의 3제곱근이다.

결국 $x^3 - 1$은 1의 3제곱근을 사용하면 복소수의 범위에서

$$x^3 - 1 = (x-1)(x-\zeta)(x-\zeta^2)$$

으로 인수분해된다. 3을 n으로 바꾸면 일반적인 1의 n제곱근을 구할 수 있다.

정리 11-4 1의 n제곱근

$\zeta = \cos \dfrac{360°}{n} + i \sin \dfrac{360°}{n}$ 라고 하면, 1의 n제곱근은

$$\zeta^0 (=1),\ \zeta^1,\ \zeta^2,\ \cdots,\ \zeta^{n-1}$$

의 n개다. 1의 n제곱근을 사용하면

$$x^n - 1 = (x-1)(x-\zeta)(x-\zeta^2) \cdots (x-\zeta^{n-1})$$

으로 인수분해할 수 있다.

그럼 $x^5 - 1 = 0$의 해를 구해보자.

정리 11-4에 의해서

$$\zeta = \cos\frac{360°}{5} + i\sin\frac{360°}{5} = \cos 72° + i\sin 72°$$

가 된다. 따라서 $x = 1, \zeta, \zeta^2, \zeta^3, \zeta^4$가 근이 된다.

이번에는 일반적인 수의 n제곱근을 구해보자.

$x^3 = 1 + \sqrt{3}i$를 만족시키는 근를 구해보자.

구하는 복소수를 $x = r(\cos\theta + i\sin\theta)$로 놓자. 정리 11-3에 의해서

$$x^3 = \{r(\cos\theta + i\sin\theta)\}^3 = r^3(\cos 3\theta + i\sin 3\theta)$$

$1 + \sqrt{3}i$를 극형식으로 나타내면

$$1 + \sqrt{3}i = 2\left(\frac{1}{2} + \frac{\sqrt{3}}{2}i\right) = 2(\cos 60° + i\sin 60°)$$

가 된다. 따라서 방정식은

$$r^3(\cos 3\theta + i\sin 3\theta) = 2(\cos 60° + i\sin 60°)$$

이 된다.

$$r^3 = 2, \quad \therefore r = \sqrt[3]{2} \text{ 이고}$$

$$3\theta = 60° + 360° \times k (k\text{는 정수}) \quad \therefore \theta = 20° + 120° \times k$$

그러므로 근은

$$x = \sqrt[3]{2}(\cos 20° + i\sin 20°), \ \sqrt[3]{2}(\cos 140° + i\sin 140°),$$
$$\sqrt[3]{2}(\cos 260° + i\sin 260°)$$

가 된다. 이것은 복소평면에선 3차방정식이므로 반지름 $\sqrt[3]{2}$인 세 개의 해가 $120°$ 간격으로 위치하게 된다.

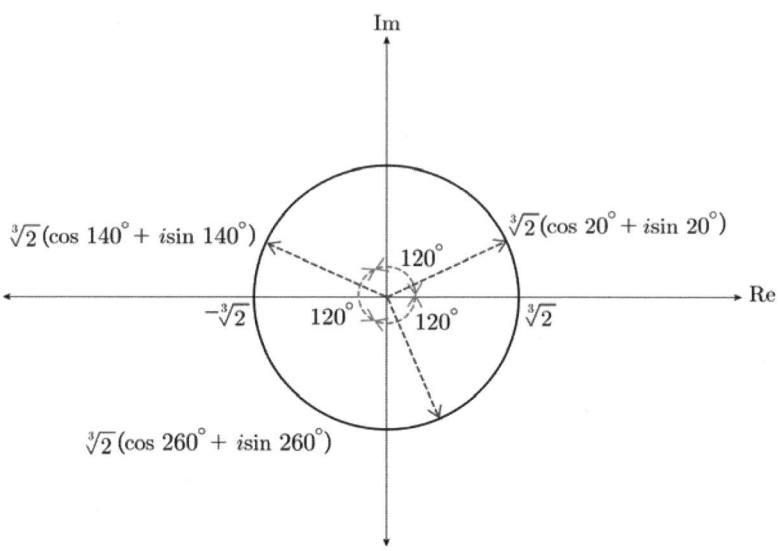

그림 11-3 복소평면에서 $x^3 = 1 + \sqrt{3}\,i$의 3개의 근의 위치

정리 11-5 $x^n = r(\cos\theta + i\sin\theta)$의 근의 공식

$\zeta = \cos\dfrac{360°}{n} + i\sin\dfrac{360°}{n}$ 라고 하면, 1의 n제곱근은

$$\zeta^0(=1),\ \zeta^1,\ \zeta^2,\ \cdots,\ \zeta^{n-1}$$

의 n개다. 1의 n제곱근을 사용하면

$$x^n - 1 = (x-1)(x-\zeta)(x-\zeta^2)\cdots(x-\zeta^{n-1})$$

으로 인수분해할 수 있다.

15장에서 자세히 언급하지만 $x^n - 1 = 0$꼴의 방정식은 방정식의 근의 공식 유무를 증명하는데 중요한 역할을 한다. 미리 말해 두지만 $x^n - 1 = 0$ 형태의 방정식과 $x^n - a = 0$ $(a \neq 1)$ 형태의 방정식은 모두 거듭제곱근과 사칙연산으로 풀 수 있다.

연습문제

1. 다음을 계산하시오.
   (1) $(1+i)^{10}$
   (2) $(1+\sqrt{3})^{10}$

2. $x^7 - 1 = 0$의 근들을 구하시오.

3. $x^5 = 1 + i$의 근들을 구하시오.

4. $x^{10} = 1 + \sqrt{3}\,i$의 근들을 구하시오.

12

방정식의 근를 포함하는 체

우리는 일상적으로 수를 이용해서 사칙연산을 한다. 이유는 사칙연산을 한 결과는 항상 유리수의 범위에서 표현할 수 있기 때문이다. 이런 수집합을 체라고 한다. 그럼 방정식의 근을 포함하는 여러 가지 체에 대해서 알아보자.

1. 체의 정의

$x^2 - 4 = 0$ 방정식의 근를 구해보자. 인수분해하면

$$x^2 - 4 = (x-2)(x+2) = 0$$

따라서 근은 +2와 -2가 된다. $x^2 - 4 = 0$의 근은 유리수 범위에 포함된다. 이번에는 $x^2 - 2 = 0$ 방정식의 근을 구해보자. 인수분해를 하면

$$x^2 - 2 = (x+\sqrt{2})(x-\sqrt{2}) = 0$$

근을 구해보면 $+\sqrt{2}$와 $-\sqrt{2}$가 된다. 그런데 이 2개의 근은 유리수 범위에선 포함되지 않는다. 이 두 근을 포함하기 위해선 유리수에 대해서 $\sqrt{2}$가 추가된 수의 집합에서 $x^2 - 2 = 0$의 방정식의 근이 표현될 수 있다. 따라서 유리수에 $\sqrt{2}$가 추가된 수 전체 집합을 $Q(\sqrt{2})$라고 표시한다. $Q(\sqrt{2})$는 그림 12-1처럼 $a + b\sqrt{2}$ (a, b는 유리수) 형태의 모든 수 전체를 의미한다.

$$Q(\sqrt{2})$$

$$\cdots, -3, -2, 0, 1, 2, 3, \cdots$$
$$\cdots, -\sqrt{2}, -3\sqrt{2}, 5\sqrt{2}, \cdots$$
$$\cdots, -1+2\sqrt{2}, 2+3\sqrt{2}, 7+5\sqrt{2}, \cdots$$

그림 12-1 $Q(\sqrt{2})$에 존재하는 수들

따라서 $Q(\sqrt{2})$에는 유리수 Q를 포함하고 있다.

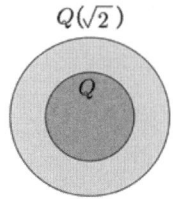

그림 12-2 유리수 Q를 포함하는 $Q(\sqrt{2})$

다음은 체의 정의이다.

정리 12-1 체의 정의

집합 K의 임의의 원소 x, y에 대해서 덧셈 $x+y$와 곱셈 $x \times y$가 닫혀 있고, K가 덧셈에 관해 교환법칙이 성립한다.
$K-\{0\}$이 곱셈에 관해 교환법칙이 성립한다.
분배법칙 $x \times (y+z) = x \times y + x \times z$가 성립한다.
이때 K를 체(field)라 한다.

유리수 Q는 체의 조건을 만족하므로 체가 된다. 그럼 $Q(\sqrt{2})$가 체가 되는지 알아보자.

- 임의의 원소에 대해서 덧셈은 항등원은 0이고 $a+b\sqrt{2}$의 역원은 $-(a+b\sqrt{2})$이다.

- 임의의 두 수의 덧셈은
  $(a+b\sqrt{2})+(c+d\sqrt{2})=(a+c)+(b+c)\sqrt{2}$ 가 되어 닫혀 있다.
- 곱셈은 항등원은 1이고, $a+b\sqrt{2}$ 의 곱셈 역원은 $\dfrac{1}{a+b\sqrt{2}}$ 이 되어서 $Q(\sqrt{2})$에 존재한다(유리화하면 $a+b\sqrt{2}$ 형태가 된다).
- 임의의 두 수 $(a+b\sqrt{2})\times(c+d\sqrt{2})$도 계산해서 정리하면, $e+f\sqrt{2}$ 형태가 되어 곱셈도 닫혀 있다.

① 덧셈에 대해서

$(a+b\sqrt{2})+\{(c+d\sqrt{2})+(e+f\sqrt{2})\}$
$=\{(a+b\sqrt{2})+(c+d\sqrt{2})\}+(e+f\sqrt{2})$

되어 결합법칙이 성립한다.

$(a+b\sqrt{2})+(c+d\sqrt{2})=(c+d\sqrt{2})+(a+b\sqrt{2})$

가 되어 교환법칙도 성립한다.

② 곱셈에 대해서

$(a+b\sqrt{2})\times\{(c+d\sqrt{2})\times(e+f\sqrt{2})\}$
$=\{(a+b\sqrt{2})\times(c+d\sqrt{2})\}\times(e+f\sqrt{2})$

되어 결합법칙이 성립한다.

$(a+b\sqrt{2})\times(c+d\sqrt{2})=(c+d\sqrt{2})\times(a+b\sqrt{2})$

가 되어 교환법칙도 성립한다.

따라서 $Q(\sqrt{2})$는 체가 된다.

$x^2-2=0$의 두 근, $\sqrt{2}$와 $-\sqrt{2}$는 $Q(\sqrt{2})$에 포함된다. ($-\sqrt{2}$는 -1과 $\sqrt{2}$의 곱으로 표현할 수 있다.) 그런데 $(x^2-2)^2=0$ 같은 방정식의 근도 $Q(\sqrt{2})$에 포함된다. 이처럼 $Q(\sqrt{2})$에 근이 포함되는 방정식 중에 차수가 가장 낮은 것을 $Q(\sqrt{2})$ 위에서의 최소 다항식이라고 한다. $Q(\sqrt{2})$의 경우는 $x^2-2=0$이 된다.

$Q(\sqrt{3})$에서의 최소 다항식은 $x^2-3=0$이 된다. 구하는 방법은 $x=\sqrt{3}$에 대해서 양변을 제곱해서 무리수를 유리수화한다. 그럼 $x^2=3$이 된다. 3을 다시 좌변으로 이항해서 정리하면 $x^2-3=0$이 된다.

2. 기약다항식

먼저 기약다항식의 정의에 대해서 알아보자. 유리수에서 기약분수가 있다. 예를 들어, $\frac{4}{6}$는 기약분수가 아니다. 2로 약분할 수 있기 때문이다. 약분하면 $\frac{2}{3}$는 더 이상 약분이 불가능하므로 유리수에서 기약분수이다. 똑같은 개념을 다항식에 적용할 수 있다.

다항식 $f(x) = x^2 - 1$을 인수분해하면 $f(x) = x^2 - 1 = (x+1)(x-1)$이 되어서 다항식을 만족시키는 근 1과 -1은 모두 유리수체에 포함된다. 따라서 $f(x)$는 유리수체에서 인수분해되므로 기약다항식이 아니다.

다음 다항식 $f(x) = x^3 - 1$을 인수분해하면 $(x-1)(x^2 + x + 1)$이 된다. $x - 1$과 달리 $x^2 + x + 1$은 유리수체 Q에서 더 이상 인수분해되지 않으므로 $x^3 - 1$의 기약다항식은 $x^2 + x + 1$이 된다. 그리고 $x^2 + x + 1$의 해가 ω이므로 $x^3 - 1$의 근을 포함하는 체는 $Q(\omega)$가 된다.

3. 선형 공간과 기저

다음은 선형공간에 대해서 알아보자. 고등학교 때 배운 임의의 벡터를 표현하는 방법은 그림처럼 x축과 y축의 단위 벡터 $\overrightarrow{e_x}$와 $\overrightarrow{e_y}$를 이용해서 2차원 평면의 모든 벡터를 표현한다. 이처럼 $\overrightarrow{e_x}$와 $\overrightarrow{e_y}$처럼 다른 벡터를 표현하는 기본벡터가 **기저**(basis)이다. 기저를 이용해서 표현되는 공간을 **선형공간**이라고 한다.

$x^2 - 2 = 0$의 해를 포함하는 $Q(\sqrt{2})$에서도 동일한 개념을 적용할 수 있다. $Q(\sqrt{2})$의 수들은 $a + b\sqrt{2}$ 형태를 하고 있다. a는 1에 대해서 a배 한 것이다. $b\sqrt{2}$는 $\sqrt{2}$에 대해서 b배 한 것이다. 즉, $Q(\sqrt{2})$의 수들은 1과 $\sqrt{2}$를 기저로 해서 모두 표현된다. 그리고 기저의 개수가 그 다항식의 차원이 된다.

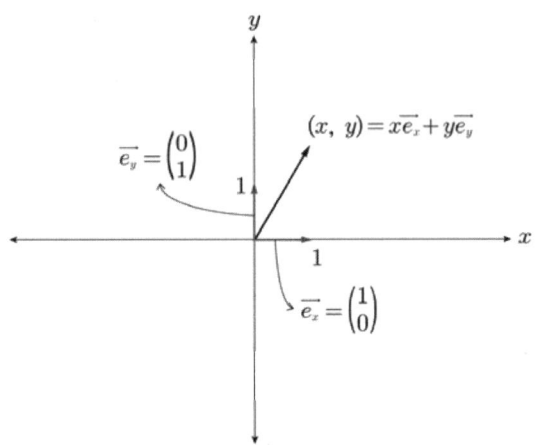

그림 12-3 기본 벡터로 2차원 벡터 표현하기

정리 12-2 $Q(\alpha)$의 기저

α를 Q 위의 n차 기약다항식 $f(x)$의 해라고 한다. $Q(\alpha)$는 Q 위의 선형 공간이고 $\{1, \alpha, \alpha^2, \cdots, \alpha^{n-1}\}$는 $Q(\alpha)$의 기저(Basis)가 된다. 그리고 기저의 개수가 다항식의 차원이고, $[Q(\alpha):Q]$로 나타낸다.

$f(x) = x^2 - 1$는 유리수체에서 $(x+1)(x-1)$로 인수분해가 된다. 2개의 근은 모두 유리수체 Q에 포함되므로 기약다항식이 아니다. 따라서 기저는 $\{1\}$로서 다항식의 차원은 1차이다.

$f(x) = x^2 - 2$는 유리수체에서 인수분해가 되지 않는다. 따라서 근을 포함하는 체, $Q(\sqrt{2})$는 Q 위에서 1과 $\sqrt{2}$로 표현되는 선형 공간이고 $\{1, \sqrt{2}\}$는 $Q(\sqrt{2})$에서 기저가 된다. 차원은 $[Q(\sqrt{2}):Q] = 2$가 된다.

4. 아이젠슈타인 판별법

$f(x) = x^3 - 1$은 인수분해가 되므로 쉽게 기약다항식을 판별할 수 있다. 그러나 $f(x) = x^4 - 6x^2 + 3x + 3$ 같은 다항식은 인수분해가 되는지 쉽게 알 수 없다.

다음은 일반적인 다항식의 기약다항식 판별 방법이다.

정리 12-3 아이젠슈타인의 판정조건

정수 계수 다항식
$f(x) = a_n x^n + a_{n-1} x^{n-1} + \cdots + a_1 x + a_0$에서 다음 조건을 만족시키는 소수 p가 존재하면, $f(x)$는 정수 계수의 범위에서 기약다항식이다.
① a_0는 p로 나누어떨어지지만, p^2으로는 나누어떨어지지 않는다.
② $a_i\,(i=1,\cdots,n-1)$는 p로 나누어떨어진다.
③ a_n은 p로 나누어떨어지지 않는다.

$f(x) = x^4 - 6x^2 + 3x + 3$에 적용해보면
① a_0에 해당하는 3은 소수 3에 의해서 나누어떨어지지만, 9로는 나누어 떨어지지 않는다.
② 이차항과 일차항의 계수인 -6과 3은 3으로 나누어떨어진다.
③ 최고차항의 계수 1은 3으로 나누어떨어지지 않는다.

따라서 $f(x) = x^4 - 6x^2 + 3x + 3$는 정수 계수의 범위에서 기약다항식이다. 따라서 다항식에서 인수분해가 어렵거나, a_0가 1이 아닌 경우 아이젠슈타인 판별조건으로 기약다항식을 판별하면 편리하다.

5. 최소분해체

$f(x) = x^2 - 1$의 근 $\sqrt{2}$와 $-\sqrt{2}$를 포함하는 체는 $Q(\sqrt{2}, -\sqrt{2})$가 된다. 그러나 $-\sqrt{2}$는 -1과 $\sqrt{2}$로 표현할 수 있으므로 두 근을 모두 포함하는 체는 $Q(\sqrt{2})$이다.

이처럼 방정식의 근을 모두 포함하는 가장 작은 체를 **최소분해체**라고 한다.
$f(x) = (x^2 - 2)(x^2 - 3)$의 최소분해체를 구해보자.
먼저 $x^2 - 2 = 0$의 근은 $\sqrt{2}$와 $-\sqrt{2}$이므로 두 근을 포함하는 체는 $Q(\sqrt{2})$이다. 그러나 $Q(\sqrt{2})$에는 $x^2 - 3 = 0$의 두 근인 $\sqrt{3}$과 $-\sqrt{3}$은 포함되지

않는다. 따라서 $Q(\sqrt{2})$는 최소분해체가 아니다.

다항식$(x^2-2)(x^2-3)=0$의 최소분해체가 되기 위해선 $Q(\sqrt{2})$에 $\sqrt{3}$을 추가해 주어야 한다. 따라서 $Q(\sqrt{2}, \sqrt{3})$이 다항식의 최소분해체이다. 다음 그림 12-4는 $Q(\sqrt{2}, \sqrt{3})$에 포함되는 수들의 종류이다.

당연히 $a+b\sqrt{2}$, $a+b\sqrt{3}$ 형태의 수는 포함된다. 그리고 $a+b\sqrt{2}$와 $a+b\sqrt{3}$로 이루어진 체이므로 두 수를 곱한 형태의 수인 $a+b\sqrt{6}$도 존재해야 한다.

따라서 $Q(\sqrt{2}, \sqrt{3})$의 수 전체는 다음 형식으로 표시할 수 있다.

$$a+b\sqrt{2}+c\sqrt{3}+d\sqrt{6}$$

$Q(\sqrt{2}, \sqrt{3})$ 기저는 $\{1, \sqrt{2}, \sqrt{3}, \sqrt{6}\}$이 되고, 차원은 $[Q(\sqrt{2}, \sqrt{3}):Q]$ = 4가 된다. 다른 다항식과 달리 $\sqrt{6}$이 체에 포함되는 이유와 $\sqrt{6}$이 기저가 되는 이유를 잘 이해하자.

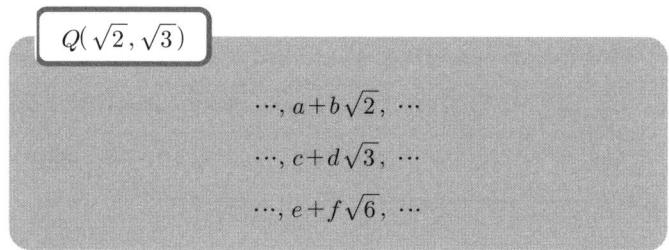

그림 12-4 $Q(\sqrt{2}, \sqrt{3})$에 존재하는 수들

연습문제

1. $Q(\sqrt{3}\,)$이 체임을 증명하시오.

2. 각각의 다항식의 근을 포함하는 체를 구하시오.
   (1) $f(x) = x^2 - 4$
   (2) $f(x) = x^2 - 2$
   (3) $f(x) = (x-2)(x^2 + x + 1)$
   (4) $f(x) = (x-5)(x^2 + 2x + 1)$

3. 각각의 다항식의 최소분해체를 구하시오.
   (1) $f(x) = x^2 - 3$
   (2) $f(x) = (x^2 - 2)(x^2 - 5)$
   (3) $f(x) = (x^2 - 3)(x^2 - 5)(x^2 - 7)$
   (4) $f(x) = x^3 - 3$

13

자기동형사상과 갈루아군

갈루아는 7장처럼 근들의 치환을 이용해서 5차방정식의 근의 공식이 없다는 것을 알아냈다. 그러나 치환은 수학적으로 다루기 불편하다. 따라서 갈루아는 방정식의 근들을 포함하는 체의 특성을 분석하기 위해서 체에서의 근들의 치환을 자기동형사상(automorphism)이라는 함수로 변환해서 증명하고 있다. 먼저 자기동형사상의 정의부터 알아보자.

1. 자기동형사상의 정의

정리 13-1 자기동형사상의 정의

체 K에서 자신의 체 K로 대응시키는 사상 f는 다음 조건을 만족시키면 자기동형사상이 된다.
① 두 개의 다른 수가 같은 수에 대응하는 경우는 없다.
  즉, '$f(x) = f(y)$이면 $x = y$'이다. 바꾸어 말하면, '$x \neq y$이면 $f(x) \neq f(y)$'가 된다. 이러한 사상을 **단사**(injection)라 한다.
② 어떤 수 y에 대응하는 x가 반드시 존재한다. 즉, 어떤 y에도 $f(x) = y$를 만족하는 x가 있다. 이러한 사상을 **전사**(surjection)라 부른다.
이상의 두 조건을 합쳐서, 사상 f는 **전단사**(bijection)라고 한다.
③ f에 의해 사칙연산은 보존된다. 즉,
  덧셈의 보존: $f(x+y) = f(x) + f(y)$
  뺄셈의 보존: $f(x-y) = f(x) - f(y)$
  곱셈의 보존: $f(x \times y) = f(x) \times f(y)$
  나눗셈의 보존: $f(x \div y) = f(x) \div f(y)$

다음 함수는 모든 y에 대해서 사상되는 x의 값이 다르므로 단사이다. 그러나 y_3는 대응되는 값이 없으므로 전사는 아니다.

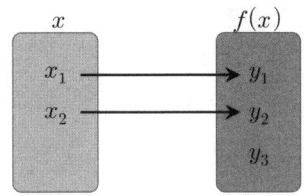

그림 13-1 단사이나 전사는 아닌 함수

다음 함수 $f(x)$는 모든 x에 대해서 y가 대응하고 있으므로 전사이다. 그러나 y_2는 두 개의 x에 대해서 같은 값으로 대응되므로 단사는 아니다.

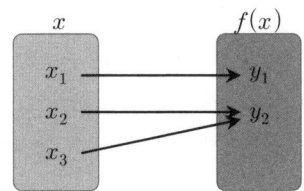

그림 13-2 전사이나 단사는 아닌 함수

다음은 단사이면서 전사가 되는 함수를 나타내고 있다. 4개의 함수 모두 전사와 단사의 조건을 만족하고 있다.

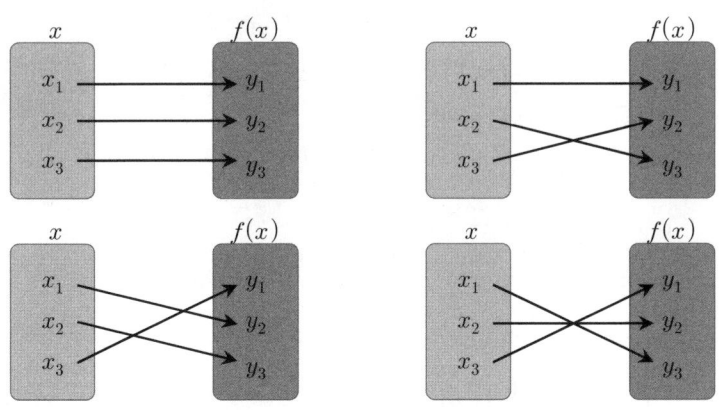

그림 13-3 여러 가지 전단사 함수

그럼 이번에는 $x^2 - 1 = 0$의 두 근을 포함하는 체 $Q(\sqrt{2})$를 이용해서 일대일 사상을 알아보자. **자기동형사상이란 말 그대로 자신의 체에서 자신의 체로 대응되는 일대일 사상을 의미한다.**

$Q(\sqrt{2})$의 첫 번째 자기동형사상은 $f(x) = x$처럼 원래의 수가 원래의 수에 대응되는 사상이다. 이런 사상을 **항등사상**이라 한다. 치환에서 항등치환 e와 같다.

두 번째 일대일 대응은 $Q(\sqrt{2})$의 수, $a + b\sqrt{2}$의 수를 $a - b\sqrt{2}$로 대응시키는 것이다. 그림에서 보면 유리수들은 b가 0이므로 그대로 자기 자신에게 대응된다. 즉 **불변**이다. 그리고 두 근을 포함해서 다른 무리수들은 자신과 부호가 다른 근으로 대응된다. 이런 대응을 **공액사상**이라 한다.

$Q(\sqrt{2})$에서 자기동형사상은 이처럼 항등사상과 공액사상, 두 가지가 있다. 이것을 각각 e와 σ라고 하면, σ를 두 번 연속으로 수행하면 원래의 값으로 반환된다. 즉,

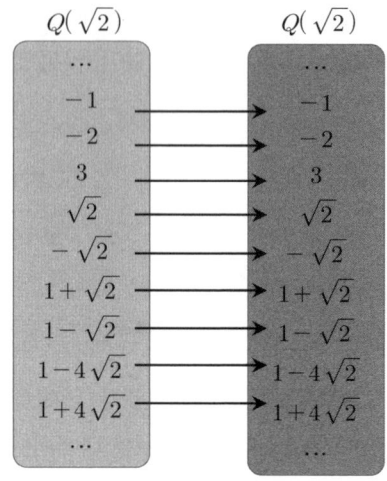

그림 13-4 항등 사상

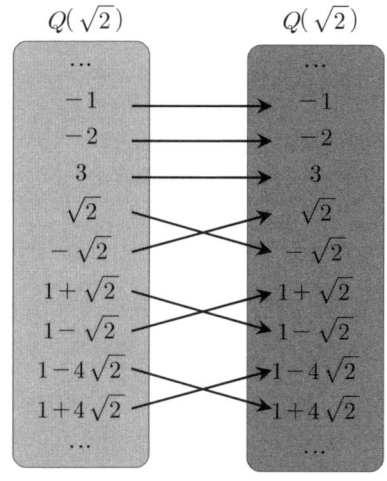

그림 13-5 $Q(\sqrt{2})$에서 $Q(\sqrt{2})$로의 공액사상

$$\sigma(a + b\sqrt{2}) = a - b\sqrt{2}$$
$$\sigma^2(a + b\sqrt{2}) = \sigma(\sigma(a + b\sqrt{2})) = \sigma(a - b\sqrt{2}) = a + b\sqrt{2} = e$$

가 된다.

따라서 $Q(\sqrt{2})$의 자기동형사상 $\{e, \sigma\}$는 군이 된다. 다음은 군의 곱셈표이다.

·	e	σ
e	e	σ
σ	σ	e

표 13-1 $x^2-2=0$의 자기동형사상들의 곱셈표

$Q(\sqrt{2})$의 자기동형사상은 e와 σ외에 다른 것은 없을까? 결론부터 말하면 이 두 가지밖에 없다. 즉, **자기동형사상은 항등사상과 방정식의 다른 근으로 대응하는 공액사상밖에 없다.** 공액사상이란 방정식이 $a+b\sqrt{2}$나 $a+bi$ 같은 무리수나 복소수 근을 가지면 반드시 $a-b\sqrt{2}$나 $a-bi$와 같은 켤레근을 가진다. 즉, 근이 자신의 켤레근에 일대일로 대응한다는 의미이다.

증명을 해보면 $Q(\sqrt{2})$에 속하는 수 x는 $a+b\sqrt{2}$로 표현된다. x의 자기동형사상 $f(x)$를 구해보면 $f(x)=f(a+b\sqrt{2})$이므로 정리 13-1의 덧셈의 보존에 의해서

$$f(a+b\sqrt{2})=f(a)+bf(\sqrt{2}) \cdots (1)$$

가 된다. 동형사상은 유리수는 불변이므로

$$f(a)+bf(\sqrt{2})=a+bf(\sqrt{2})$$

가 된다. 그런데

$$f(2)=f(\sqrt{2}\times\sqrt{2})=f(\sqrt{2})f(\sqrt{2})=2$$

가 되므로 $f(\sqrt{2})=\sqrt{2}$이거나 $f(\sqrt{2})=-\sqrt{2}$가 된다. $f(\sqrt{2})=\sqrt{2}$는 항등사상이다. $f(\sqrt{2})=-\sqrt{2}$을 식 (1)에 대입하면

$$f(a+b\sqrt{2})=f(a)+bf(\sqrt{2})=a-b\sqrt{2}$$

가 된다. 따라서 **자기동형사상은 항등사상과 공액사상 두 가지밖에 없다.**

이번에는 $f(x)=(x^2-2)(x^2-3)$의 자기동형사상들을 구해보자.

앞에서 살펴본 바와 같이 방정식의 최소분해체는 $Q(\sqrt{2},\sqrt{3})$이다. 그림

13-2는 $Q(\sqrt{2}, \sqrt{3})$의 4개의 공액근들에 대한 자기동형사상을 나타내고 있다.
자기동형사상은 정의에 의해서 공액근들 사이의 일대일 대응이므로 $\pm\sqrt{2} \rightarrow \pm\sqrt{3}$와 같은 4개의 경우는 있을 수 없다.

$$\begin{array}{c} \sqrt{2} \longrightarrow \sqrt{2} \\ \sqrt{3} \longrightarrow \sqrt{3} \end{array} \qquad \begin{array}{c} \sqrt{2} \longrightarrow -\sqrt{2} \\ \sqrt{3} \longrightarrow \sqrt{3} \end{array}$$

$$\begin{array}{c} \sqrt{2} \longrightarrow \sqrt{2} \\ \sqrt{3} \longrightarrow -\sqrt{3} \end{array} \qquad \begin{array}{c} \sqrt{2} \longrightarrow -\sqrt{2} \\ \sqrt{3} \longrightarrow -\sqrt{3} \end{array}$$

그림 13-6 $Q(\sqrt{2}, \sqrt{3})$의 자기동형사상

첫째 줄의 $\sqrt{2} \rightarrow \sqrt{2}$, $\sqrt{3} \rightarrow \sqrt{3}$은 항등사상이다. $\sqrt{2} \rightarrow -\sqrt{2}$, $\sqrt{3} \rightarrow \sqrt{3}$는 $\sqrt{3}$은 고정시키고, $\sqrt{2}$만 부호를 바꾸어서 대응시킨다. 다음은 각각의 사상을 기호와 치환으로 표시한 것이다.

자기동형사상이란 용어 때문에 어렵게 느껴질 수 있는데 알고 보면 공액근들 사이의 치환을 일대일 함수로 표현한 것이다. 왜냐하면 수학에선 자기동형사상 같이 기호화된 함수로 표현하면 쉽게 수학적으로 다룰 수 있기 때문이다.

$$e = (1) = \begin{pmatrix} \sqrt{2} \rightarrow \sqrt{2} \\ \sqrt{3} \rightarrow \sqrt{3} \end{pmatrix} \qquad \sigma = (3\ 4) = \begin{pmatrix} \sqrt{2} \rightarrow \sqrt{2} \\ \sqrt{3} \rightarrow -\sqrt{3} \end{pmatrix}$$

$$\tau = (1\ 2) = \begin{pmatrix} \sqrt{2} \rightarrow -\sqrt{2} \\ \sqrt{3} \rightarrow \sqrt{3} \end{pmatrix} \qquad \tau\sigma = (1\ 2)(3\ 4) = \begin{pmatrix} \sqrt{2} \rightarrow -\sqrt{2} \\ \sqrt{3} \rightarrow -\sqrt{3} \end{pmatrix}$$

그림 13-7 $Q(\sqrt{2}, \sqrt{3})$의 모든 자기동형사상

4개의 자기동형사상 $\{e, \sigma, \tau, \tau\sigma\}$는 군이 된다. 표 13-2는 4개의 자기동형사상에 의한 곱셈표이다.

$\sigma^2 = \sigma \cdot \sigma = e$처럼 τ^2와 $(\tau\sigma)^2$은 부호를 바꾼 상태에서 한 번 더 부호를 바꾸므로 원래의 항등사상 e가 된다.

앞에서 알아본 것처럼 유리수들끼리의 곱셈은 닫혀있고, 유리수들은 각각이 항등원과 각각의 역원을 가지고 있으므로 군이 되었다. 시계 회전군에선 군의 원소는 10분 단위의 시간이었다. 곱셈 연산에 대해 유리수군의 원소는 유리수, 즉 숫자이고 **지금의 군의 원소들은 일대일 대응을 시키는 자기동형사상 (함수)들의 집합이다.** 이 차이점을 잘 이해하자.

·	e	σ	τ	$\tau\sigma$
e	e	σ	τ	$\tau\sigma$
σ	σ	e	$\tau\sigma$	τ
τ	τ	$\tau\sigma$	e	σ
$\tau\sigma$	$\tau\sigma$	τ	σ	e

표 13-2 $Q(\sqrt{2}, \sqrt{3})$의 자기동형사상들의 곱셈표

이와 같이 방정식의 근을 포함하는 체를 이용해서 얻은 자기동형사상들의 집합은 군이 되고 이 군을 **갈루아군**(Galois group)이라고 하고,

$$Gal(Q(\sqrt{2}, \sqrt{3})/Q) = \{e, \sigma, \tau, \tau\sigma\}$$

로 표기한다.

갈루아 이론은 방정식의 모든 근을 포함하는 체를 선택한 후, 그 체 내에서 방정식의 모든 근들의 자기동형사상으로 갈루아군을 만들고, 그 갈루아군의 특성이 가해군인가를 확인해서 근의 공식 유무를 증명하고 있다. **갈루아군은 체의 문제를 군의 문제로 관점을 바꾸게 해준다.**

2. 중간체

이번에는 중간체에 대해서 알아보자.

$x^4 - 6x^2 + 7 = 0$의 방정식을 풀어보면

$$x^4 - 6x^2 + 7 = 0$$
$$(x^2 - 3)^2 - 2 = 0$$
$$(x^2 - 3)^2 = 2$$
$$\therefore x^2 - 3 = \pm \sqrt{2}$$

x에 대해서 정리하면

$x = \pm \sqrt{3 + \sqrt{2}}$, $x = \pm \sqrt{3 - \sqrt{2}}$ 의 4개의 근이 구해진다.
각각의 근을

$$\alpha = \sqrt{3 + \sqrt{2}},\ \beta = -\sqrt{3 + \sqrt{2}},$$
$$\gamma = \sqrt{3 - \sqrt{2}},\ \delta = -\sqrt{3 - \sqrt{2}}$$

라고 놓자. 지금의 방정식의 해는 제곱근이 아니라 제곱근을 또다시 $\sqrt{}$로 씌운 형태이다. 우선 이 방정식의 최소분해체는 $Q(\alpha, \beta, \gamma, \delta)$가 된다. 그러나 앞에서 풀어본 $x^2 - 2 = 0$의 근에 $-\sqrt{2}$가 있음에도 최소분해체는 $Q(\sqrt{2})$로 표시했다. 즉, $-\sqrt{2}$는 $\sqrt{2}$와 -1로 표시할 수 있다.

$Q(\alpha, \beta, \gamma, \delta)$도 역시 $\alpha = \sqrt{3 + \sqrt{2}}$를 이용해서 다른 근들을 모두 표시할 수 있으므로 $Q(\alpha, \beta, \gamma, \delta)$의 최소분해체도 $Q(\alpha)$가 된다.(자세한 계산은 부록 1 참고)

$x^4 - 6x^2 + 7 = 0$는 유리수 범위에서 인수분해가 되지 않으므로 기약다항식이다. 방정식의 차수를 구해보면

$$\alpha = \sqrt{3 + \sqrt{2}}$$

로 놓고, 양변을 제곱하면

$$\alpha^2 = 3 + \sqrt{2}$$

3을 좌변으로 이항 후, 다시 제곱하면

$$(\alpha^2 - 3)^2 = 2$$

이 된다. 전개해서 정리하면 α를 근으로 갖는 기약다항식의 차수는 4가 되므로 $[Q(\alpha):Q]=4$가 된다.

다음은 해당 방정식의 갈루아군을 알아보자.

앞에서 설명했듯이 방정식의 동형사상은 체의 수들을 자신의 켤레수로 대응시킨다. 따라서 σ는

$$\sigma(a+b\sqrt{k}) = a - b\sqrt{k}$$

으로 대응시킨다.

$$\alpha\gamma = \sqrt{3+\sqrt{2}} \cdot \sqrt{3-\sqrt{2}} = \sqrt{7}$$

$$\gamma = \frac{\sqrt{7}}{\alpha}\text{가 된다.}$$

$$\sigma(\gamma) = \sigma(\frac{\sqrt{7}}{\alpha}) = \frac{\sigma(\sqrt{7})}{\sigma(\alpha)} = \frac{-\sqrt{7}}{\gamma} = -\alpha = \beta$$

$$\sigma(\beta) = \sigma(-\alpha) = -\sigma(\alpha) = -\gamma = \delta$$

$$\sigma(\delta) = \sigma(-\gamma) = -\sigma(\gamma) = -(-\alpha) = \alpha$$

자기동형사상 σ는 근을 $\alpha \to \gamma \to \beta \to \delta \to \alpha \to \cdots$ 와 같이 순환시킨다. 따라서 시계 회전군처럼

$$\sigma^2(\alpha) = \beta, \ \sigma^3(\alpha) = \delta, \ \sigma^4(\alpha) = \alpha$$

이므로 $\sigma^4(\alpha) = e$가 된다.

따라서 $x^4 - 6x^2 + 7 = 0$의 갈루아군은

$$Gal(Q(\alpha)/Q) = \{e, \sigma, \sigma^2, \sigma^3\}$$

이 되어 위수 4인 순환군 C_4와 동형이 된다.

$x^4 - 6x^2 + 7 = 0$의 근 $\alpha = \sqrt{3+\sqrt{2}}$ 의 형태를 자세히 보면 $\sqrt{2}$에 대해서 다시 $\sqrt{}$ 를 씌운 형태이다. 즉, $Q(\sqrt{2})$가 다시 $Q(\sqrt{3+\sqrt{2}})$에 포

함되어 있는 구조이다. 즉, 부분집합처럼 체 안에 다른 체가 포함되어 있다. 다른 체에 포함되어 있는 체를 **중간체**라 한다.

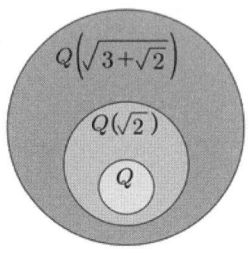

그림 13-8 $Q(\sqrt{3+\sqrt{2}})$에 포함된 중간체들

$Q(\sqrt{2})$가 $Q(\sqrt{3+\sqrt{2}})$에 포함되어 있는지 확인해보자.

$\sqrt{3+\sqrt{2}}$를 α라고 하면 $\alpha = \sqrt{3+\sqrt{2}}$가 되고 $\sqrt{2} = \alpha^2 - 3$이 되어 $\sqrt{3+\sqrt{2}}$로 표현되므로 $Q(\sqrt{2}) \subset Q(\alpha)$가 된다.

반대로 $\sqrt{3+\sqrt{2}}$는 직관적으로 $\sqrt{2}$으로 표현할 수 없다. 따라서

$$Q(\sqrt{2}) \subset Q(\alpha)$$

이다.

$Q(\sqrt{2})$의 원소는 $a + b\sqrt{2}$으로 나타나므로 $[Q(\sqrt{2}) : Q] = 2$가 된다. 중간체 $Q(\sqrt{2})$에 대한 $[Q(\alpha) : Q(\sqrt{2})]$를 구해보자.

구하는 방법은 $[Q(\sqrt{2}) : Q] = 2$와 같다.

우선 $\alpha = \sqrt{3+\sqrt{2}}$에서 양변을 제곱하면

$$\alpha^2 = 3 + \sqrt{2}$$

가 된다. 우변의 $3 + \sqrt{2}$가 $Q(\sqrt{2})$에 포함될 때, α의 차수는 2이므로

$$[Q(\alpha) : Q(\sqrt{2})] = 2$$

가 된다. 따라서 전체 차원 $[Q(\alpha) : Q]$는 2개의 체로 구성되어 있으므로 먼저 Q에 대한 중간체 $Q(\sqrt{2})$에 대한 차원은 $[Q(\sqrt{2}) : Q] = 2$가 되고, 다

시 $Q(\sqrt{2})$에 대한 $Q(\alpha)$의 차원은 $[Q(\alpha):Q(\sqrt{2})]=2$가 된다.

전체 차원은

$$[Q(\alpha):Q]=[Q(\alpha):Q(\sqrt{2})]\times[Q(\sqrt{2}):Q]=2\times2=4$$

가 된다.

앞에서 구한 $[Q(\alpha):Q]=4$와 일치한다.

이번에는 $x^3-2=0$의 근들이 포함된 체의 구조를 알아보자.

$x^3-2=0$의 근은 $\sqrt[3]{2}$, $\sqrt[3]{2}\omega$, $\sqrt[3]{2}\omega^2$이 된다. 먼저 ω는 $x^2+x+1=0$의 근이다. 따라서 $x^3-2=0$의 근들의 최소분해체는 ω를 포함하는 $Q(\omega)$를 기반으로 해서 $\sqrt[3]{2}$를 추가한 $Q(\sqrt[3]{2},\omega)$가 된다.

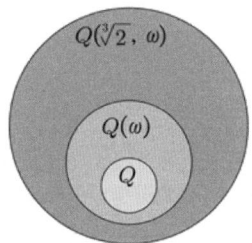

그림 13-9 $Q(\sqrt[3]{2},\omega)$에 포함된 중간체들

차원을 구해보면 중간체 $Q(\omega)$에 대한 $[Q(\omega):Q]=2$가 된다. $Q(\sqrt[3]{2},\omega)$에 대한 $Q(\omega)$의 차원은 $[Q(\sqrt[3]{2},\omega):Q(\omega)]=3$이 된다. 따라서

$$[Q(\sqrt[3]{2},\omega):Q]=[Q(\sqrt[3]{2},\omega):Q(\omega)]\times[Q(\omega):Q]=3\times2=6$$

이 된다.

$Q(\sqrt[3]{2},\omega)$의 자기동형사상을 구해보자. $\sqrt[3]{2}$와 ω에 대해서

$\sigma(\sqrt[3]{2})=\sqrt[3]{2}\omega$, $\sigma(\omega)=\omega$

$\tau(\sqrt[3]{2})=\sqrt[3]{2}$, $\tau(\omega)=\omega^2$

2개의 자기동형사상을 만들 수 있다. σ는 ω를 고정시키고, τ는 $\sqrt[3]{2}$를 고정시킨다. σ를 계속 곱하면

$$\sigma^2(\sqrt[3]{2}) = \sigma(\sigma(\sqrt[3]{2})) = \sigma(\sqrt[3]{2}\,\omega) = \sigma(\sqrt[3]{2})\sigma(\omega) = \sqrt[3]{2}\,\omega \times \omega = \sqrt[3]{2}\,\omega^2$$
$$\sigma^3(\sqrt[3]{2}) = \sigma(\sigma^2(\sqrt[3]{2})) = \sigma(\sqrt[3]{2}\,\omega^2) = \sigma(\sqrt[3]{2})\sigma(\omega^2) = \sqrt[3]{2}\,\omega \times \omega^2 = \sqrt[3]{2}$$

가 되어, $\sigma^3(\sqrt[3]{2}) = e$가 된다.

이번에는 $\tau(\omega)$에 대해서 적용하면

$$\tau(\omega) = \omega^2$$
$$\tau^2(\omega) = \tau(\tau(\omega)) = \tau(\omega^2) = \tau(\omega)\tau(\omega) = \omega^2\omega^2 = \omega$$

가 되어, $\tau^2(\omega) = e$가 된다.

다음 그림은 σ와 τ를 조합해서 만들 수 있는 모든 자기동형사상들이다.

$$e = \begin{pmatrix} \sqrt[3]{2} \to \sqrt[3]{2} \\ \omega \to \omega \end{pmatrix} \qquad \tau = \begin{pmatrix} \sqrt[3]{2} \to \sqrt[3]{2} \\ \omega \to \omega^2 \end{pmatrix}$$

$$\sigma = \begin{pmatrix} \sqrt[3]{2} \to \sqrt[3]{2}\,\omega \\ \omega \to \omega \end{pmatrix} \qquad \tau\sigma = \begin{pmatrix} \sqrt[3]{2} \to \sqrt[3]{2}\,\omega \\ \omega \to \omega^2 \end{pmatrix}$$

$$\sigma^2 = \begin{pmatrix} \sqrt[3]{2} \to \sqrt[3]{2}\,\omega^2 \\ \omega \to \omega \end{pmatrix} \qquad \tau\sigma^2 = \begin{pmatrix} \sqrt[3]{2} \to \sqrt[3]{2}\,\omega^2 \\ \omega \to \omega^2 \end{pmatrix}$$

그림 13-10 $Q(\sqrt[3]{2},\omega)$의 자기동형사상에 의한 근들의 치환

각각의 자기동형사상에 의해서 3개의 근이 6가지의 형태로 일대일 대응을 하고 있다. 각각의 자기동형사상은 7장에서 배운 3개의 근으로 만들 수 있는 각각의 치환과 동일하게 근들을 치환시킨다.

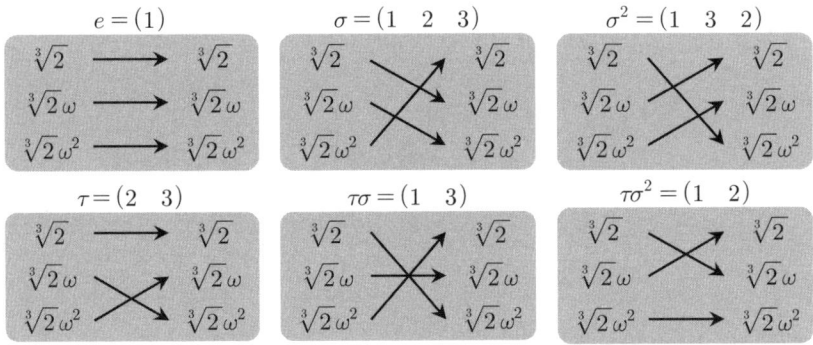

그림 13-11 자기동형사상에 의한 근의 치환

따라서 $Q(\sqrt[3]{2}, \omega)$의 갈루아군은 $Gal(Q(\sqrt[3]{2}, \omega)/Q) = \{e, \sigma, \sigma^2, \tau, \tau\sigma, \tau\sigma^2\}$가 되고 위수가 6이다. 갈루아군의 위수 6은 정확히 $Q(\sqrt[3]{2}, \omega)/Q$의 차원과 일치한다. 즉,

$$[Q(\sqrt[3]{2}, \omega) : Q] = |G|$$

가 된다.

일반적으로 L을 Q의 확대체라 하고, M을 Q와 L의 중간체라 할 때

$$[L : M] \times [M : Q] = [L : Q]$$

가 성립한다.

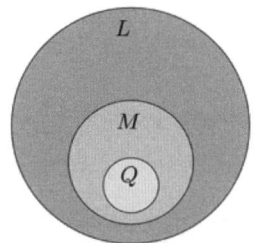

그림 13-12 확대체에 포함되는 중간체들

이 장에선 체 안에 또 다른 체인 중간체가 있는 체에 대해서 알아보았다. 다음은 최소분해체의 갈루아군의 부분군들이 중간체와 대응되는 구조를 알아보자. 갈루아군과 중간체에 대응하는 부분군 사이에 정리 10-5처럼 가해군열이 생기는지 확인하면 방정식이 근의 공식을 가지는지 증명할 수 있다.

연습문제

1. $f(x) = (x^2 - 2)(x^2 - 5)$의 모든 자기동형사상으로 이루어진 갈루아군을 구하시오.

[2-6] $f(x) = x^4 - 10x^2 + 22$에 대해서 다음을 구하시오.

2. $f(x)$의 근들을 구하시오.

3. $f(x)$의 근들의 최소분해체를 구하시오.

4. $f(x)$의 최소분해체의 갈루아군을 구하시오.

5. $f(x)$의 최소분해체의 중간체를 구한 후, 그림 13-8처럼 표시하시오.

6. $f(x)$의 최소분해체의 차원 $[Q(\alpha) : Q]$를 구하시오.

14

갈루아 대응

이번에는 자기동형사상으로 이루어진 갈루아군의 부분군과 그 부분군들에 의해서 불변인 중간체가 서로 대응됨을 알아보자.

1. 불변군

13장에서 $(x^2-2)(x^2-3)=0$의 최소분해체는 $Q(\sqrt{2},\sqrt{3})$이었다. 그리고 $Q(\sqrt{2},\sqrt{3})$의 기저는 $a+b\sqrt{2}+c\sqrt{3}+d\sqrt{6}$이었다.

갈루아군은

$$Gal(Q(\sqrt{2},\sqrt{3})/Q) = \{e, \sigma, \tau, \tau\sigma\} = \langle \sigma, \tau \rangle$$

이다. 그리고 그림처럼 Q와 $Q(\sqrt{2},\sqrt{3})$ 사이에 중간체 $Q(\sqrt{2})$와 $Q(\sqrt{3})$이 존재한다. 어떤 중간체가 있는지 아는 방법은 Q에 각각의 기저를 추가하면 된다. 따라서 $Q(\sqrt{6})$도 중간체가 된다. 그리고 $Q(\sqrt{2},\sqrt{3})$와 각각의 중간체와의 차수는 2가 된다.

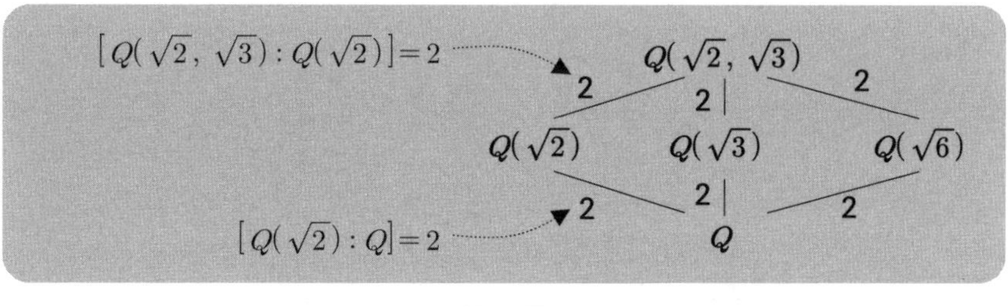

그림 14-1 $Q(\sqrt{2},\sqrt{3})$의 모든 중간체들

그럼 갈루아군에서 각각의 중간체를 불변(고정)시키는 군을 찾아보자. 다음의 갈루아군의 자기동형사상을 고려해보자.

$$e = \begin{pmatrix} \sqrt{2} \to \sqrt{2} \\ \sqrt{3} \to \sqrt{3} \end{pmatrix} \qquad \sigma = \begin{pmatrix} \sqrt{2} \to \sqrt{2} \\ \sqrt{3} \to -\sqrt{3} \end{pmatrix}$$

$$\tau = \begin{pmatrix} \sqrt{2} \to -\sqrt{2} \\ \sqrt{3} \to \sqrt{3} \end{pmatrix} \qquad \tau\sigma = \begin{pmatrix} \sqrt{2} \to -\sqrt{2} \\ \sqrt{3} \to -\sqrt{3} \end{pmatrix}$$

그림 14-2 $Q(\sqrt{2}, \sqrt{3})$의 4가지 자기동형사상들

우선 $Q(\sqrt{2})$의 수 $a+b\sqrt{2}$에 대해서 항등사상 e와 σ를 적용해보면

$$e(a+b\sqrt{2}) = e(a) + e(b\sqrt{2}) = a+b\sqrt{2}$$
$$\sigma(a+b\sqrt{2}) = \sigma(a) + \sigma(b\sqrt{2}) = a+b\sqrt{2}$$

가 되어, 체의 모든 수들이 변하지 않는다. 따라서 $Q(\sqrt{2})$를 불변시키는 자기동형사상 집합은 $\{e, \sigma\}$가 된다.

동일한 방법으로 $Q(\sqrt{3})$을 불변시키는 자기동형사상 집합은 $\{e, \tau\}$가 된다. $Q(\sqrt{6})$을 불변시키는 자기동형사상은 $\{e, \tau\sigma\}$가 된다.

최소분해체 $Q(\sqrt{2}, \sqrt{3})$는 e에 대해서 불변이다. 그리고 유리수체 Q는 모든 자기동형사상에 대해서 불변이다.

$\langle\sigma\rangle = \{e,\sigma\}, \langle\tau\rangle = \{e,\tau\}, \langle\tau\sigma\rangle = \{e,\tau\sigma\}$라고 두면 $\langle\sigma\rangle, \langle\tau\rangle, \langle\tau\sigma\rangle$는 각각의 중간체를 불변시키는 군이 된다. 이런 군을 **불변군**이라 부른다.

다음 그림은 각 중간체들을 고정시키는 불변군들의 구조이다. 불변군 사이의 잉여군의 위수가 정확히 중간체 사이에서의 차원과 일치한다.

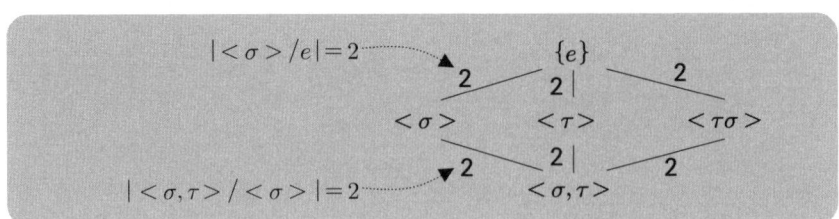

그림 14-3 $Q(\sqrt{2}, \sqrt{3})$를 불변시키는 불변군들

다음 그림은 중간체와 그 중간체를 불변시키는 불변군들이 서로 대응하고 있다.

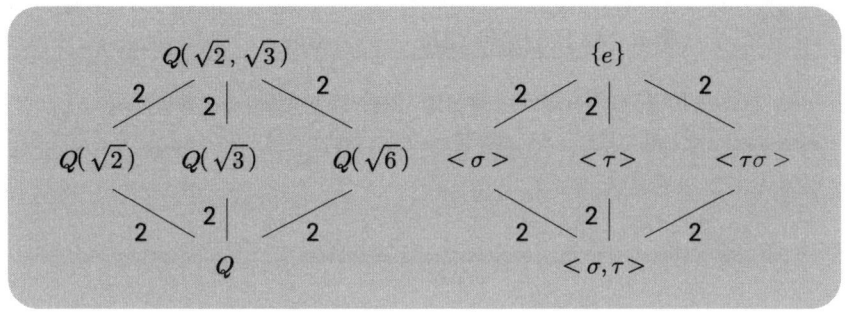

그림 14-4 $Q(\sqrt{2}, \sqrt{3})$의 중간체와 불변군의 대응

2. 갈루아 대응

앞 절에서 중간체에서 불변하는 자기동형사상을 찾아서 대응시켰다. 반대로 갈루아군의 부분군을 구해서 부분군에 대한 불변체를 구할 수도 있다.

$$Gal(Q(\sqrt{2}, \sqrt{3})/Q) = \{e, \sigma, \tau, \tau\sigma\} = \langle \sigma, \tau \rangle$$

의 모든 부분군을 구해보면

$\{e\}, \langle\sigma\rangle, \langle\tau\rangle, \langle\tau\sigma\rangle, \langle\sigma,\tau\rangle$가 된다. 각각의 부분군에 대해서 불변체를 구해보면 다시 동일한 불변체가 대응된다.

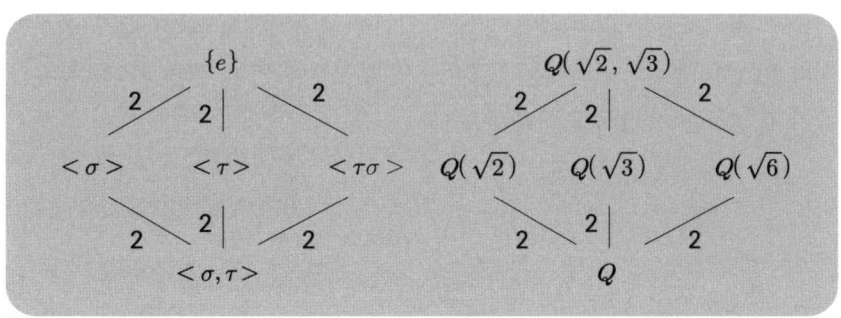

그림 14-5 $Gal(Q(\sqrt{2}, \sqrt{3})/Q)$ 부분군에 대응하는 중간체들

갈루아군의 부분군과 중간체는 그림 14-5처럼 서로 대응 관계를 이룬다. 이런 대응 관계를 **갈루아 대응**이라고 한다. 다음은 갈루아 대응의 정의이다.

정리 14-1 갈루아 대응

L을 Q 위의 어떤 방정식의 최소분해체, M을 L과 Q의 중간체라 한다.
$G = Gal(L/Q)$라 하고, G의 부분군을 H라 한다.
L에서 H의 불변체를 $M = L^H$이라 하면
$$H = Gal(L/M)$$

더 세부적인 과정이 있긴 하지만 미리 근의 공식 유무를 증명하는 방법을 개략적으로 설명해보면, 먼저 앞의 예제처럼 방정식의 근을 포함하는 최소분해체를 구한 후, 최소분해체의 중간체를 구성해서 각 중간체에 대응하는 불변군을 찾는다. 그리고 각 불변군 사이의 잉여군이 순환군(그림 14-5에서 2의 숫자들)이면 그 방정식은 풀리게 된다.

앞에서 예를 든 방정식 $(x^2 - 2)(x^2 - 3) = 0$은 불변군의 사이의 잉여군들이 순환군이 되므로 근의 공식으로 풀린다.

16장에서 자세히 알아보자.

이번에는 $x^3 - 2 = 0$의 갈루아 대응을 구해보자. 13장에서 방정식 $x^3 - 2 = 0$의 근의 최소분해체는 $Q(\sqrt[3]{2}, \omega)$이다. 그리고 중간체 $Q(\omega)$가 위치했다.

다른 중간체들도 구해보자. 앞의 예제에선 중간체에서 불변군을 구했지만 정리 14-1에 의해서 이번에는 갈루아군의 부분군을 먼저 구한 후, 각 부분군들이 불변하는 불변체를 구해보자.

$Q(\sqrt[3]{2}, \omega)$의 갈루아군은
$$Gal(Q(\sqrt[3]{2}, \omega)/Q) = \{e, \sigma, \sigma^2, \tau, \tau\sigma, \tau\sigma^2\} = \langle \sigma, \tau \rangle$$
이다. 갈루아군의 모든 부분군을 구해보면
$\{e\}, \langle \sigma \rangle, \langle \tau \rangle, \langle \tau\sigma \rangle, \langle \tau\sigma^2 \rangle, \langle \sigma, \tau \rangle$로 모두 6개이다. 각각의 부분

군에 대한 불변군을 구해보자.

$\{e\}$는 $Q(\sqrt[3]{2}, \omega)$를 불변시킨다. $\langle \sigma, \tau \rangle$는 Q를 불변시킨다. 구하는 방법은 $Q(\sqrt[3]{2}, \omega)$를 이용한다. $Q(\sqrt[3]{2}, \omega)$를 구하는 방법은 $a' + b'\omega$와 $c' + d'\sqrt[3]{2} + e'(\sqrt[3]{2})^2$를 곱해서 차수별로 정리하면 된다. 해보면

$$(a' + b'\omega) \cdot (c' + d'\sqrt[3]{2} + e'(\sqrt[3]{2})^2)$$
$$= a'c' + a'd'\sqrt[3]{2} + a'e'(\sqrt[3]{2})^2 + b'c'\omega + b'd'\sqrt[3]{2}\omega + b'e'(\sqrt[3]{2})^2\omega$$

가 된다. 차수별로 다시 정리하면

$$a(\sqrt[3]{2})^2\omega + b\sqrt[3]{2}\omega + c\omega + d(\sqrt[3]{2})^2 + e\sqrt[3]{2} + f \cdots (1)$$

가 된다. $\langle \sigma \rangle$에 의해서 불변인 체를 구하는 것이므로 σ를 식 (1)에 적용해서 그 결과가 다시 식 (1)가 같으면 된다.

식(1)에 σ를 적용한 후, 정리하면

$$\sigma(a(\sqrt[3]{2})^2\omega + b\sqrt[3]{2}\omega + c\omega + d(\sqrt[3]{2})^2 + e(\sqrt[3]{2}) + f)$$
$$= -d(\sqrt[3]{2})^2\omega + (e-b)(\sqrt[3]{2})\omega + c\omega + (a-d)(\sqrt[3]{2})^2 - b\sqrt[3]{2} + f$$

가 된다(*). 결과가 식 (1)과 같아야 하므로 각 차수에 대한 계수들은 $a = -d$, $b = e - b$, $d = a - d$, $e = -b$가 되어야 한다. 각각을 연립해서 풀면, $a = 0, b = 0, d = 0, e = 0$이 된다. 식 (1)에 각 계수값을 적용하면 $Q(\sqrt[3]{2}, \omega)$에서 $\langle \sigma \rangle$에 의해 불변인 원소는 $c\omega + f$가 된다. 따라서 $\langle \sigma \rangle$의 불변체는 $Q(\omega)$가 된다.

이번에는 $\langle \tau\sigma \rangle$에 대한 불변체를 구해보자.

13장의 그림 13-10에서 $\tau\sigma(\sqrt[3]{2}) = \sqrt[3]{2}\omega^2$, $\tau\sigma(\omega) = \omega^2$이 되므로, 식 (1)에 적용해보면

$$\tau\sigma(a(\sqrt[3]{2})^2\omega + b\sqrt[3]{2}\omega + c\omega + d(\sqrt[3]{2})^2 + e\sqrt[3]{2} + f)$$
$$= d(\sqrt[3]{2})^2\omega + (b-e)(\sqrt[3]{2})\omega - c\omega + a(\sqrt[3]{2})^2 - e(\sqrt[3]{2}) + f - c$$

다시 식 (1)과 계수를 비교하면 $\tau\sigma$에 의해서 불변인 원소는

---

* 자세한 계산 과정은 카페 참고

$$a(\sqrt[3]{2})^2(1+\omega)+b(\sqrt[3]{2})\omega+f=-a(\sqrt[3]{2})^2\omega^2+b(\sqrt[3]{2})\omega+f$$

와 같은 형태이다$.((\sqrt[3]{2})^2\omega^2=\sqrt[3]{2}\omega\times\sqrt[3]{2}\omega$로 표현할 수 있다). 이것은 $Q(\sqrt[3]{2}\omega)$의 원소이다.

같은 방법으로 $\langle\tau\sigma^2\rangle$의 불변체를 구해보자.

그림 13-10에서 $\tau\sigma^2(\sqrt[3]{2})=\sqrt[3]{2}\omega^2$, $\tau\sigma^2(\omega)=\omega^2$이 되므로, 식 (1)에 적용해보면

$$\tau\sigma^2(a(\sqrt[3]{2})^2\omega+b\sqrt[3]{2}\omega+c\omega+d(\sqrt[3]{2})^2+e\sqrt[3]{2}+f)$$

가 된다. 전개해서 차수별로 계수를 식 (1)과 비교해서 정리하면

$$a'(\sqrt[3]{2})^2\omega+b'(\sqrt[3]{2})\omega^2+f'$$

형태의 원소가 나온다. 따라서 $\langle\tau\sigma^2\rangle$의 불변체는 $Q(\sqrt[3]{2}\omega^2)$가 된다. $\langle\tau\sigma^2\rangle$의 불변체가 $Q((\sqrt[3]{2})^2\omega^2)$가 아님을 주의하자.$((\sqrt[3]{2})^2\omega=(\sqrt[3]{2})\omega^2\times(\sqrt[3]{2})\omega^2)$으로 표현할 수 있다)

다음은 $x^3-2=0$의 갈루아 대응을 나타낸 것이다.

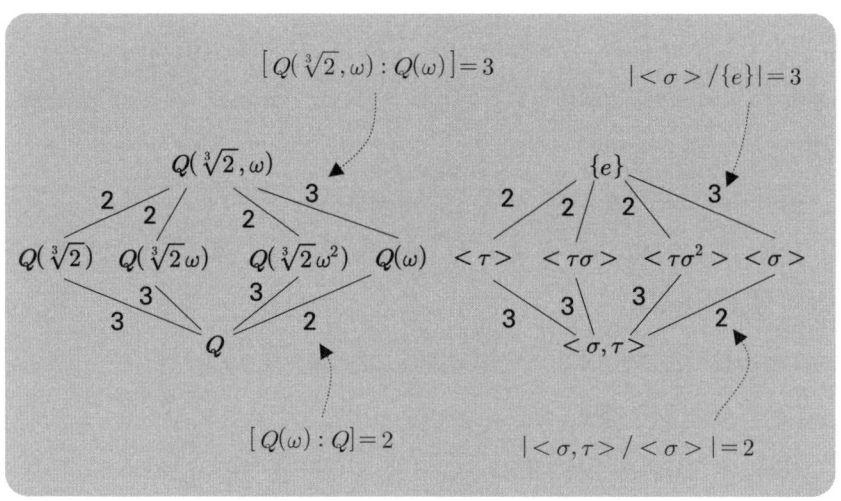

그림 14-6 $x^3-2=0$의 갈루아 대응

$x^3 - 2 = 0$이 $(x^2-2)(x^2-3) = 0$과 다른 점은 방정식의 차수가 갈루아군의 위수와 일치하지 않는다는 것이다. 지금까지는 방정식의 근의 수와 갈루아군의 위수가 같았다. **그러나 바뀌지 않는 것은 최소분해체의 차원은 반드시 갈루아군의 위수와 일치한다.** 즉,

> 최소분해체 차원 = 갈루아군의 위수

$x^3 - 2 = 0$에서는 6이 된다.

3. 정규확대체와 정규부분군

다음은 앞에서 설명한 $x^3 - 2 = 0$의 중간체 구조이다.

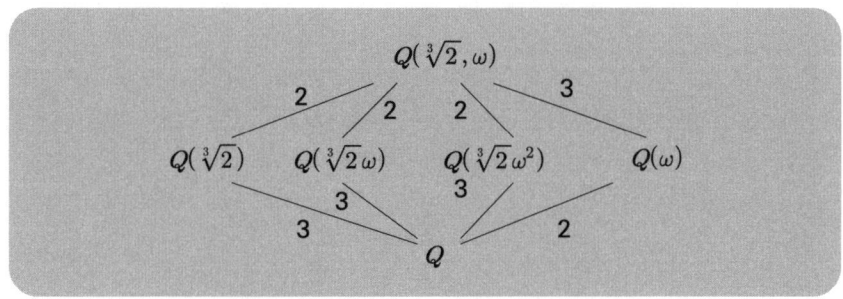

그림 14-7 $x^3 - 2 = 0$의 중간체 구조

앞에서 설명했듯이, $Q(\sqrt[3]{2}, \omega)$는 $x^3 - 2 = 0$의 모든 근을 포함하고 있다. 그러면 다른 중간체들은 자신의 최소방정식의 근을 모두 포함하고 있을까?

먼저 $Q(\omega)$에 대해서 알아보자. 최소방정식은 $x^2 + x + 1 = 0$의 근이므로, 두 근 ω, ω^2이다. 두 근은 모두 $Q(\omega)$에 포함되므로 $Q(\omega)$는 **정규확대체**이다.

$Q(\sqrt[3]{2})$에 대해 알아보자. $Q(\sqrt[3]{2})$의 최소방정식인 $x^3 - 2 = 0$의 세 근은 $\sqrt[3]{2}$, $\sqrt[3]{2}\omega$, $\sqrt[3]{2}\omega^2$가 된다. 그런데 $\sqrt[3]{2}$ 외에 다른 두 근은 $Q(\sqrt[3]{2})$에

포함되지 않는다. 따라서 $Q(\sqrt[3]{2})$는 정규확대체가 아니다. 이어서 $Q(\sqrt[3]{2}\omega)$ 와 $Q(\sqrt[3]{2}\omega^2)$도 정규확대체가 아니다.

정리 14-2 정규확대체의 정의

Q를 포함하는 체 K에서 임의의 원소를 선택해 Q 위의 최소다항식 $f(x)$가 있을 때, $f(x)=0$의 모든 해가 K의 원소일 때 K는 Q 위에서 정규성(normality)이 있다고 한다. 그리고 Q의 확대체 K를 정규확대체(normal extension field)라 한다.

다음은 최소분해체와 중간체, 유리수체에 대해서 정규확대를 나타내고 있다. 최소분해체 L은 중간체와 유리수체에 대해서 항상 정규확대가 된다. 그러나 중간체 M은 유리수체에 대해서 항상 정규확대가 되는 것이 아니다.

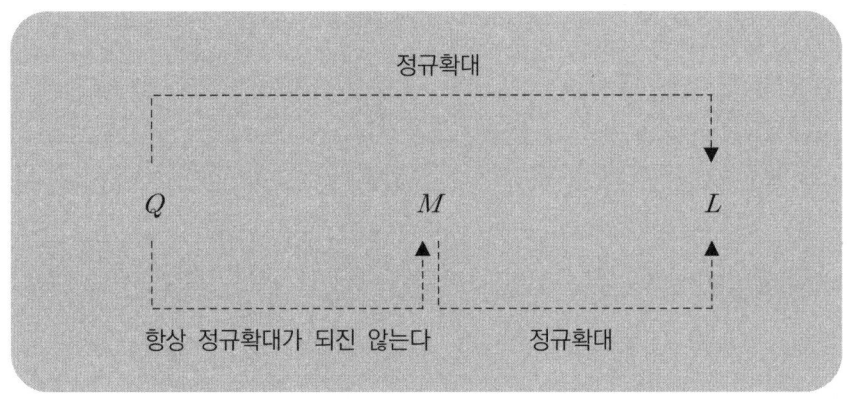

그림 14-8 최소확대체, 중간체, 유리수체의 정규확대 구조

최소분해체 $Q(\sqrt[3]{2}, \omega)$는 모든 중간체 $Q(\sqrt[3]{2})$, $Q(\sqrt[3]{2}\omega)$, $Q(\sqrt[3]{2}\omega^2)$, $Q(\omega)$와 유리수체 Q에 대해서 모두 정규확대체가 된다. 그러나 중간체는 $Q(\omega)$만이 Q에 대해서 정규확대체가 된다.

다음은 갈루아 대응을 나타내고 있다.

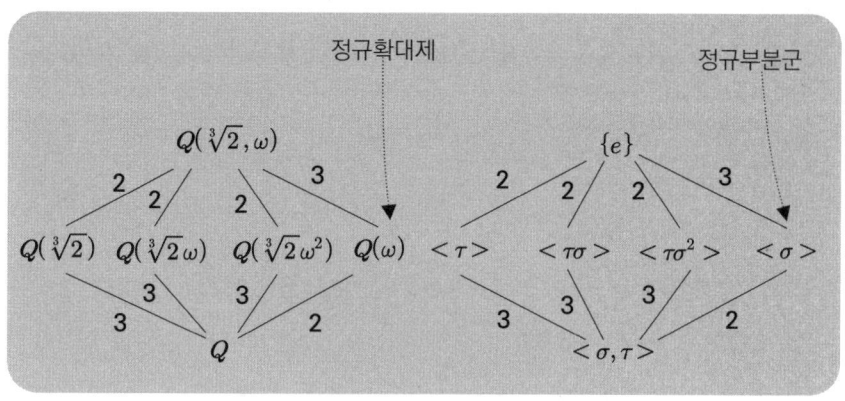

그림 14-9 정규확대체에 대응하는 정규부분군 $\langle \sigma \rangle$

정규확대체 $Q(\omega)$에 대응하는 $\langle \sigma \rangle$은 순환군이면서 정규부분군이 된다. 즉, **정규확대체에 갈루아 대응하는 부분군은 정규부분군**이 된다. 정규부분군이라는 이름도 정규확대체에서 유래된 것이다.

따라서 중간체가 복잡한 경우 중간체가 정규확대체가 되는가 판정할 때는 중간체와 갈루아 대응하는 부분군이 정규부분군인가를 확인하면 쉽게 알아낼 수 있다.

정리 14-3 중간체가 정규확대체가 되는 조건

Q 위의 방정식 $f(x)=0$ 의 최소분해체를 L, 그 갈루아군을 G라 한다. 중간체 M과 부분군 H가 갈루아 대응을 하고 있다고 한다.
M이 Q의 정규확대이다. $\Leftrightarrow$ H가 G의 정규부분군이다.
또 이것들을 만족할 때
$$Gal(M/Q) \cong G/H$$
가 된다.

$Q(\sqrt[3]{2}, \omega)$의 갈루아 대응에서
$$Gal(Q(\omega)/Q) \cong \langle \sigma, \tau \rangle / \langle \sigma \rangle$$
가 된다. 중간체와 갈루아군의 방향이 반대가 되는 것에 주의하자.

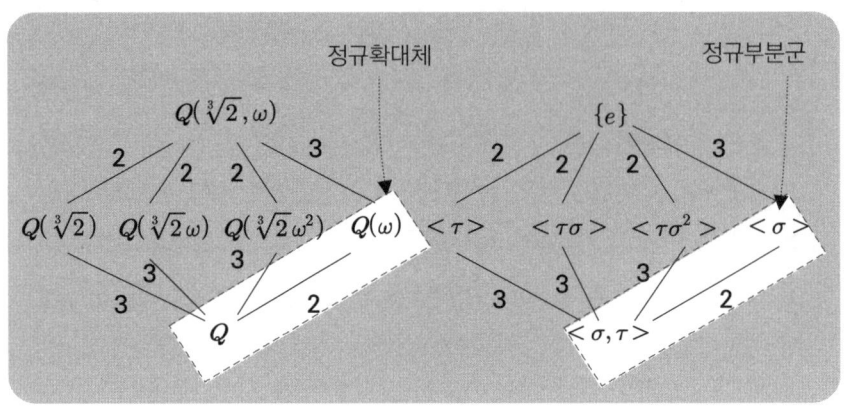

그림 14-10 중간체의 갈루아군과 동형을 이루는 갈루아 대응

연습문제

1. 다음 용어를 설명하시오.
    (1) 불변군
    (2) 갈루아 대응
    (3) 정규확대체

[2-3] $x^4 - 2 = 0$의 해는 $\sqrt[4]{2}$, $-\sqrt[4]{2}$, $\sqrt[4]{2}i$, $-\sqrt[4]{2}i$, 그리고 최소분해체는 $Q(\sqrt[4]{2}, i)$ 이다. $Q(\sqrt[4]{2}, i)$에 적용되는 자기동형사상 σ와 τ를 다음과 같이 정의한다.
$$\sigma(\sqrt[4]{2}) = \sqrt[4]{2}i, \sigma(i) = i$$
$$\tau(\sqrt[4]{2}) = \sqrt[4]{2}, \tau(i) = -i$$
2개의 동형사상으로 만들 수 있는 모든 동형사상의 집합으로 된 갈루아군을 만들어보면
$$Gal(Q(\sqrt[4]{2}, i)/Q) = <\sigma, \tau> = \{e, \sigma, \sigma^2, \sigma^3, \tau, \tau\sigma, \tau\sigma^2, \tau\sigma^3\}$$
가 된다.

2. $Gal(Q(\sqrt[4]{2}, i)/Q)$의 자기동형사상으로 이루어진 근들의 치환이 아닌 것을 고른 후, 올바르게 수정하시오.

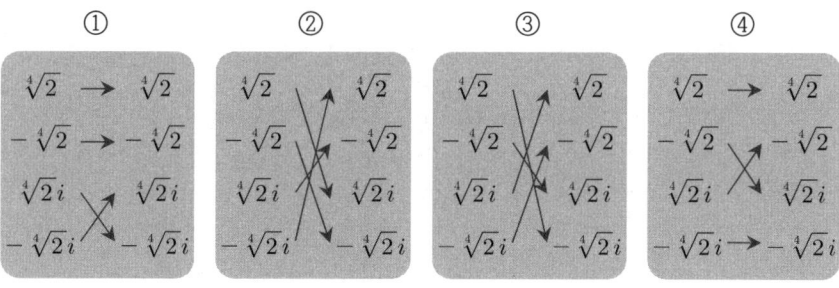

3. $Q(\sqrt[4]{2}, i)/Q$의 기저를 이용해서 원소 x를 표현하면
$$x = a + b(\sqrt[4]{2}) + c(\sqrt[4]{2})^2 + d(\sqrt[4]{2})^3 + ei + f(\sqrt[4]{2})i$$
$$+ g(\sqrt[4]{2})^2 i + h(\sqrt[4]{2})^3 i \quad (a \text{에서 } h \text{는 유리수})$$
갈루아 대응에서 부분군에 대응하는 중간체를 구하시오.

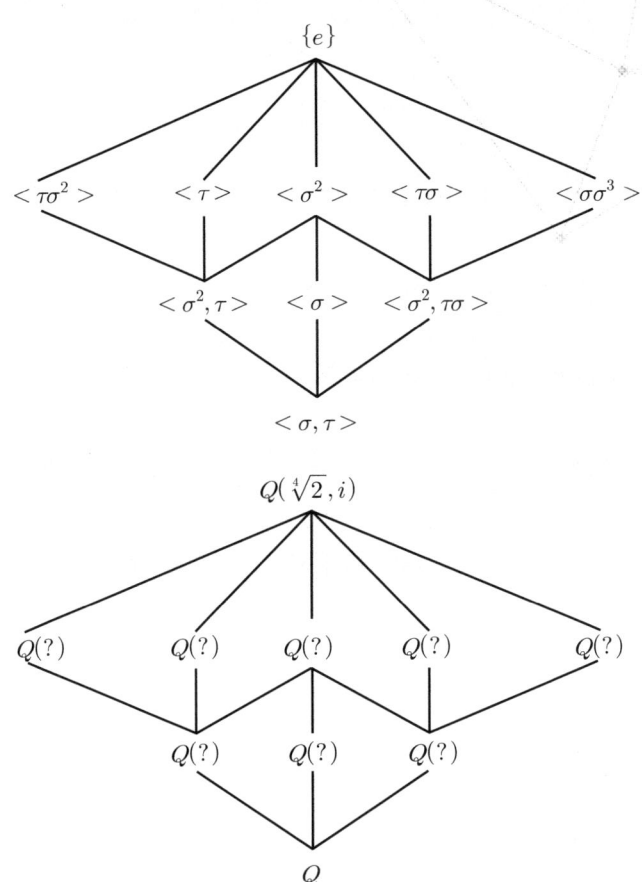

15

$x^n - a = 0$ 형태의 방정식은 근의 공식이 있다

14장까지 방정식의 근의 공식 유무를 증명하는데 필요한 여러 가지 세부 역할을 하는 개념과 정리를 알아보았다. 현재 갈루아 이론의 정상에 8부 능선까지 왔다. 그럼 나머지 정상을 위해서 좀 더 힘을 내보자.

다음은 정상에서 만날 '**갈루아의 마지막 정리**'이다.

> Q 위의 방정식 $f(x) = 0$의 해가 거듭제곱근으로 표현된다.
> $\Leftrightarrow$
> $f(x) = 0$의 갈루아군이 가해군이다.

그림 15-1 '갈루아의 마지막 정리' 정의

우선 증명할 부분은 '갈루아의 마지막 정리'의 순방향($\Rightarrow$) 명제이다.

> Q 위의 방정식 $f(x) = 0$의 해가 거듭제곱근으로 표현된다.
> $\Rightarrow$
> $f(x) = 0$의 갈루아군이 가해군이다.

그림 15-2 거듭제곱근을 이용한 가해군 정리

다음은 '갈루아의 마지막 정리' 중 순방향($\Rightarrow$) 명제의 증명 순서이다.

1. $x^n - 1 = 0$ 형태의 방정식은 모두 거듭제곱근으로 표현 가능하다.

⬇

2. $x^n - a = 0$ ($a \neq 1$ 자연수) 형태의 방정식은 모두 거듭제곱근으로 표현 가능하다.

⬇

3. 방정식 $f(x) = 0$의 해가 거듭제곱근으로 표현되면 $f(x) = 0$의 갈루아군이 가해군이다.

1. 원분 방정식의 확대체와 갈루아군

14장에서 $x^n - 1 = 0$ 형태의 방정식 중에서 $x^3 - 1 = 0$과 $x^4 - 1 = 0$형태의 방정식은 근의 공식이 있음을 확인하였다.

이번에는 $x^5 - 1 = 0$의 해를 거듭제곱근으로 나타내보자.

정리 11-4를 이용해서 $x^5 - 1 = 0$의 한 개의 근을 $\zeta = \cos 72° + i \sin 72°$로 놓을 수 있다.

$\zeta^5 = 1$이 성립하므로 인수분해하면

$$(\zeta - 1)(\zeta^4 + \zeta^3 + \zeta^2 + \zeta + 1) = 0$$

이 된다. 따라서

$$(\zeta^4 + \zeta^3 + \zeta^2 + \zeta + 1) = 0 \ \ (\zeta \neq 1)$$

이 된다.

$\alpha = \zeta + \zeta^4$, $\beta = \zeta^2 + \zeta^3$으로 두고

$$\alpha + \beta = \zeta + \zeta^4 + \zeta^2 + \zeta^3 = -1$$

$$\alpha\beta = (\zeta + \zeta^4)(\zeta^2 + \zeta^3) = \zeta^3 + \zeta^4 + \zeta^6 + \zeta^7$$
$$= \zeta + \zeta^2 + \zeta^3 + \zeta^4 = -1$$

이것을 이용해서 α, β를 근으로 하는 2차방정식을 구하면

$$(x-\alpha)(x-\beta) = x^2 - (\alpha+\beta)x + \alpha\beta = x^2 + x - 1$$

이 된다. $x^2 + x - 1 = 0$을 풀면

$$x = \frac{-1 \pm \sqrt{5}}{2}$$

가 된다. 그림을 보면 $\alpha = \zeta + \zeta^4 > 0$, $\beta = \zeta^2 + \zeta^3 < 0$이다.

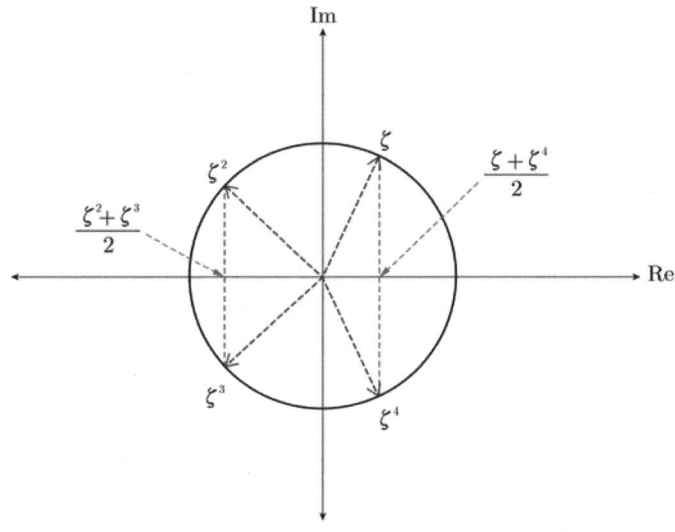

그림 15-3 $\zeta + \zeta^4$, $\zeta^2 + \zeta^3$ 위치

다음으로 ζ, ζ^4를 두 근으로 하는 2차방정식을 만들 수 있다.

$$(x-\zeta)(x-\zeta^4) = x^2 - (\zeta+\zeta^4)x + \zeta \cdot \zeta^4$$
$$= x^2 + \left(\frac{1-\sqrt{5}}{2}\right)x + 1$$

이 된다.

$$x^2 + \left(\frac{1-\sqrt{5}}{2}\right)x + 1 = 0$$

을 풀면

$$\zeta = \frac{-\left(\frac{1-\sqrt{5}}{2}\right) + \sqrt{\left(\frac{1-\sqrt{5}}{2}\right)^2 - 4}}{2}$$

$$= \frac{-1+\sqrt{5}}{4} + \frac{\sqrt{4+2\sqrt{5}}}{4}i$$

가 된다.

따라서 $x^5 - 1 = 0$ 방정식도 거듭제곱근으로 나타낼 수 있다. 다음은 일반적인 $x^n - 1 = 0$ 방정식의 근의 존재 유무이다.

정리 15-1 1의 n의 거듭제곱근 표현

1의 n제곱근은 거듭제곱근을 이용해서 나타낼 수 있다.

이번에는 $x^5 - 1 = 0$의 확대체와 갈루아군을 구해보자.

$x^5 - 1 = 0$의 근은 $1, \zeta, \zeta^2, \zeta^3, \zeta^4$의 5개이다. $x^5 - 1 = 0$의 최소분해체는 $Q(\zeta, \zeta^2, \zeta^3, \zeta^4) = Q(\zeta)$가 된다.

$x^5 - 1 = 0$와 같이 $x^n - 1 = 0$의 최소분해체를 **제n원분확대체**라 한다. $Q(\zeta)$는 제5원분확대체이다.

$x^5 - 1 = 0$의 차원을 구해보면 $x^5 - 1 = (x-1)(x^4 + x^3 + x^2 + x + 1)$이므로 $x^4 + x^3 + x^2 + x + 1$은 Q에서 기약다항식이므로 $Q(\zeta)$의 최소다항식이 된다. 따라서 $[Q(\zeta) : Q] = 4$가 된다.

$[Q(\zeta) : Q] = 4$이므로 $Q(\zeta)$의 동형사상 개수는 4개이고 $\sigma(\zeta)$가 대응하는 사상은 $\zeta, \zeta^2, \zeta^3, \zeta^4$의 4개가 된다.

$\sigma(\zeta) = \zeta^2$이라 하면

$$\sigma^2(\zeta) = \sigma(\sigma(\zeta)) = \sigma(\zeta^2) = (\zeta^2)^2 = \zeta^4$$
$$\sigma^3(\zeta) = \zeta^3$$
$$\sigma^4(\zeta) = \zeta$$

로 σ는 ζ의 지수를 1→2→4→3→1⋯으로 순환시킨다. 따라서 $\sigma^4 = e$이고, 4개의 대응하는 $\zeta, \zeta^2, \zeta^3, \zeta^4$가 모두 나왔기 때문에 갈루아군은

$$Gal(Q(\zeta)/Q) = \{e, \sigma, \sigma^2, \sigma^3\}$$

이 된다. 갈루아군은 순환군 C_4와 동형이 된다.

| Gal($Q(\zeta)/Q$) | ⊃ | {e} |
| Q | ⊂ | $Q(\zeta)$ |

그림 15-4 $x^5 - 1 = 0$의 거듭순환확대

다음은 $x^n - 1 = 0$ 형태의 방정식의 원분확대체의 갈루아군의 가해성을 나타내는 정리이다.

정리 15-2 원분확대체의 갈루아군

$x^n - 1 = 0$의 하나의 해를 ζ라고 할 때 $Gal(Q(\zeta)/Q)$는 가해군이고, $Q(\zeta)/Q$는 거듭순환확대이다.

다음은 $x^{16} - 1 = 0$의 하나의 해를 ζ라고 할 때, 모든 해는

$$\zeta, \zeta^3, \zeta^5, \zeta^7, \zeta^9, \zeta^{11}, \zeta^{15}$$

가 된다. σ를 $\sigma(\zeta) = \zeta^5$로 정의하면 $Gal(Q(\zeta)/Q) = 8$이 된다(자세한 계산 과정은 카페 참고). 그리고 $\langle \sigma \rangle = \{e, \sigma, \sigma^2, \sigma^3\}$은 $Gal(Q(\zeta)/Q)$의 부

분군이 된다. $\langle \sigma \rangle$의 불변체를 구해보면 $\zeta^4 = i$이므로

$$\sigma(i) = \sigma(\zeta^4) = \zeta^{20} = \zeta^4 = 1$$

가 되어서, $\langle \sigma \rangle$의 불변체는 $Q(i) = Q(\zeta^4)$가 된다.

따라서 그림처럼 $Q(\zeta)$는 거듭순환확대를 이루고 있다. $x^5 - 1 = 0$의 경우는 중간체가 없는데, $x^{16} - 1 = 0$의 경우는 중간체가 존재한다.

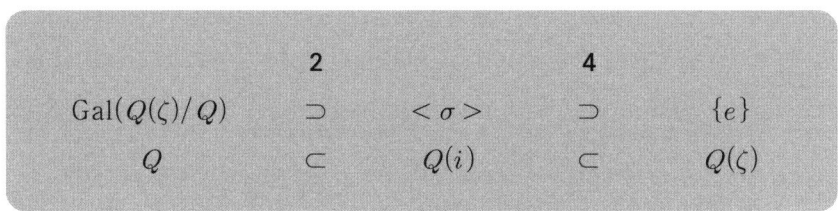

그림 15-5 $x^{16} - 1 = 0$의 거듭순환확대

지금은 서로 연결된 쇠사슬처럼 $Q(i)$는 Q에 대해서 확대체가 되고, $Q(\zeta)$는 $Q(i)$에 대해서 확대체가 된다. 그런데 정리 14-3에 의해서 $Gal(Q(\zeta)/Q(i)) \cong \langle \sigma \rangle$이고, $\langle \sigma \rangle$는 순환군이므로 $Q(\zeta)/Q(i)$는 순환확대이다. 동일하게 $Q(i)/Q$도 순환확대가 되므로 $Q(\zeta)$는 거듭순환확대가 된다.

다음은 일반적인 방정식에서 확대체가 거듭순환확대가 되는 경우와 갈루아군이 가해군인 경우를 정리한 것이다.

정리 15-3 가해군과 거듭순환 확대의 대응

Q의 갈루아 확대체 K의 갈루아군을 G라 한다.
G가 가해군이다 ⇔ K/Q는 거듭순환확대이다.

$x^{16} - 1 = 0$을 이용해서 정리 15-3의 순방향(⇒)에 방향에 대해서 구체적인 예를 들어보면 $x^{16} - 1 = 0$은 거듭제곱근으로 표현 가능하므로 가해군이다. 따라서 그림 15-5처럼 $Q(\zeta)/Q(i)$와 $Q(i)/Q$는 순환확대가 되어서, $Q(\zeta)$

$/Q$는 거듭순환확대가 된다.

정리 15-3의 역방향($\Longleftarrow$)의 예를 들어보면, 그림처럼 먼저 $Q(\zeta)/Q(i)$와 $Q(\zeta)/Q$는 정규확대가 된다. 그리고 $Q(i)/Q$도 정규확대가 된다.

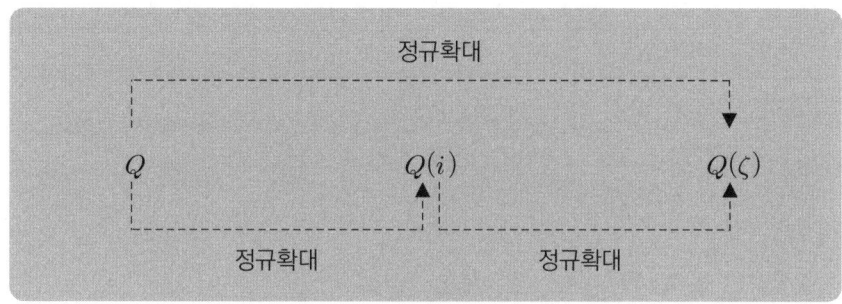

그림 15-6 확대체들 간의 정규 확대

$Gal(Q(\zeta)/Q)= G$, $Gal(Q(\zeta)/Q(i))= H$라고 하면, $Q(i)/Q$도 정규확대가 되므로, 정리 14-3에 의해서 H는 G의 정규부분군이고

$$Gal(Q(i)/Q) \cong G/H$$

이 된다.

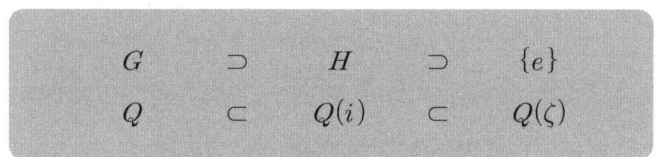

그림 15-7 확대체열의 갈루아 대응

$Q(i)/Q$는 순환확대이므로 G/H는 순환군이 되어서 가해군이 된다. 따라서 정리 10-6에 의해서 G는 가해군이 된다.

2. $x^n - a = 0$의 확대체와 갈루아군

원분 방정식 $x^n - 1 = 0$의 원분확대체 $Q(\zeta)$와 갈루아군 $Gal(Q(\zeta)/Q)$를 이용해서 원분 방정식은 거듭제곱근으로 표현 가능하고 그 갈루아군은 가해군임을 알았다.

이번에는 쿠머 방정식 $x^n - a = 0$ $(a \neq 1)$의 경우에도 근의 확대는 거듭 순환확대가 되고, 그 갈루아군은 가해군이 됨을 확인해보자.

Q를 포함하는 체 K에 $x^n - a = 0$ $(a \neq 1)$의 하나의 해 $\sqrt[n]{a}$를 첨가해서 생기는 확대 $K(\sqrt[n]{a})/K$를 쿠머 확대(Kummer extension)라 한다.

먼저 $x^5 - 3 = 0$의 갈루아군을 구해보자.

$\zeta = \cos 72° + i \sin 72°$ 라고 하면 정리 11-4에 의해

$$x = \sqrt[5]{3}, \sqrt[5]{3}\zeta, \sqrt[5]{3}\zeta^2, \sqrt[5]{3}\zeta^3, \sqrt[5]{3}\zeta^4$$

5개의 근을 가진다. 최소분해체는

$$Q(\sqrt[5]{3}, \sqrt[5]{3}\zeta, \sqrt[5]{3}\zeta^2, \sqrt[5]{3}\zeta^3, \sqrt[5]{3}\zeta^4) = Q(\sqrt[5]{3}, \zeta)$$

가 된다.

Q에 먼저 $x^5 - 1 = 0$의 최소분해체에 해당되는 ζ를 첨가해서 $Q(\zeta)$를 만들고, $Q(\zeta)$ 위의 기약다항식 $x^5 - 3$에 의한 $x^5 - 3 = 0$의 근 $\sqrt[5]{3}$을 첨가해서 $Q(\sqrt[5]{3}, \zeta)$이다.

기저의 개수를 구해보면 $a_1 + a_2\zeta + a_3\zeta^2 + a_4\zeta^3 + a_5\zeta^4$와 $b_1 + b_2(\sqrt[5]{3}) + b_3(\sqrt[5]{3})^2 + b_4(\sqrt[5]{3})^3 + b_5(\sqrt[5]{3})^4$를 곱해서 차수별로 정리하면 $5 \times 4 = 20$이 되므로 $[Q(\sqrt[5]{3}, \zeta) : Q] = 20$이 된다.

다음은 $Gal(Q(\sqrt[5]{3}, \zeta)/Q)$를 구해보자.

$\sqrt[5]{3}$은 자기동형사상에 의해 다른 4개의 근과 대응해야 하므로 동형사상 σ와 τ는

$$\sigma(\sqrt[5]{3}) = \sqrt[5]{3}\zeta, \ \sigma(\zeta) = \zeta$$
$$\tau(\sqrt[5]{3}) = \sqrt[5]{3}, \ \tau(\zeta) = \zeta^2$$

만족시킨다고 하자. 그럼 σ와 τ는 분명 자기동형사상이 된다.

$\sigma^2, \sigma^3, \sigma^4, \sigma^5$을 구해보면

$$\sigma^2(\sqrt[5]{3}) = \sigma(\sigma(\sqrt[5]{3})) = \sigma(\sqrt[5]{3}\zeta) = \sigma(\sqrt[5]{3})\sigma(\zeta) = \sqrt[5]{3}\zeta \cdot \zeta = \sqrt[5]{3}\zeta^2$$

$$\sigma^3(\sqrt[5]{3}) = \sqrt[5]{3}\zeta^3, \quad \sigma^4(\sqrt[5]{3}) = \sqrt[5]{3}\zeta^4, \quad \sigma^5(\sqrt[5]{3}) = \sqrt[5]{3}\zeta^5$$

가 된다. $\sigma^5 = e$이므로 $\langle\sigma\rangle = \{e, \sigma, \sigma^2, \sigma^3, \sigma^4\}$는 위수가 5인 순환군이 된다.

동일하게 $\langle\tau\rangle = \{e, \tau, \tau^2, \tau^3\}$이 되므로 $Gal(Q(\sqrt[5]{3}, \zeta)/Q) = \langle\tau, \sigma\rangle$로서 위수가 20개가 된다.

$\langle\sigma\rangle$에 의해 불변되는 중간체는 $\sigma(\zeta) = \zeta$에 의해서 $Q(\zeta)$임을 쉽게 알 수 있다. $G = Gal(Q(\sqrt[5]{3}, \zeta)/Q)$라고 두면 다음처럼 갈루아 대응을 한다.

$$\begin{array}{ccccc} G & \supset & \langle\sigma\rangle & \supset & \{e\} \\ Q & \subset & Q(\zeta) & \subset & Q(\sqrt[5]{3}, \zeta) \end{array}$$

그림 15-8 $x^5 - 1 = 0$의 확대체열에 대한 갈루아 대응

여기서 $Gal(Q(\sqrt[5]{3}, \zeta)/Q(\zeta)) = \langle\sigma\rangle$이고, $\langle\sigma\rangle$는 순환군이므로 $Gal(Q(\sqrt[5]{3}, \zeta)/Q(\zeta))$는 순환확대이다.

이렇게 쿠머 확대가 쉽게 순환 확대가 되는 까닭은 $Q(\zeta)$에서 $Q(\sqrt[5]{3}, \zeta)$로 확대될 때 이미 $Q(\zeta)$에 ζ가 속해 있기 때문이다. 따라서 쿠머 확대는 항상 $Q(\zeta)$를 기반으로 확대되므로 항상 순환확대이다. 모든 거듭 제곱근 확대는 원분 확대가 기본이 된다.

정리 15-4 거듭제곱근 확대로부터 순환 확대를 만든다

ζ를 1의 원시 n제곱근이라고 한다. 체 K에는 ζ가 속해 있다고 가정한다. $a \neq 1$인 $a \in K$에 대해서 K 위의 방정식 $x^n - a = 0$의 근 중 하나를 $\sqrt[n]{a} \in K$라 한다. 이때 $Gal(K(\sqrt[n]{a})/K)$는 순환군이고, 위수는 n의 약수이다.

$x^5 - 3 = 0$ 방정식의 경우는 $Gal(K(\sqrt[n]{a})/K)$는 $Gal(Q(\sqrt[5]{3}, \zeta)/Q(\zeta)) = \langle\sigma\rangle$이고, $\langle\sigma\rangle$의 위수는 5이다.

앞 절에서 $x^{16} - 1 = 0$ 형태의 원분 방정식은 거듭순환 확대열을 형성해

서 그 갈루아군은 가해군이 되었다.

$x^5 - 3 = 0$ 방정식도 $Gal(Q(\sqrt[5]{3}, \zeta)/Q)$가 가해군이 됨을 보이자.

$Gal(Q(\sqrt[5]{3}, \zeta)/Q) = G$는 다음처럼 확대열을 이룬다. $Q(\sqrt[5]{3}, \zeta)$와 $Q(\zeta)$는 Q에 대해서 정규확대를 이루므로 정리 14-3에 의해서 $\langle \sigma \rangle$는 G의 정규부분군이 된다.

따라서 $Gal(Q(\zeta)/Q) \cong G/\langle \sigma \rangle$가 된다. $Gal(Q(\zeta)/Q)$는 $\langle \tau \rangle$이므로 $G/\langle \sigma \rangle = \langle \tau \rangle$ 즉, 순환군이 되어서 G는 가해군이 된다.

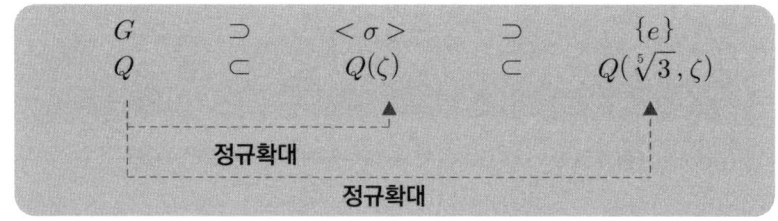

그림 15-9 최소분해체와 중간체의 정규 확대 관계

마지막으로 $Q(\sqrt[5]{3}, \zeta)$의 중간체는 $Q(\zeta)$만 있는 것이 아니다. 지금은 확대체 중 거듭순환 확대열을 되는 중간체만 설명한 것이다.

지금까지 원분방정식의 확대열, 쿠머 방정식의 확대열에 대해서 알아봤다. 이 두 방정식은 모두 거듭제곱근으로 나타낼 수 있으며 그 갈루아군은 가해군이었다.

이제 마지막 단계인 '방정식의 어떤 근이 거듭제곱근으로 표현되면 그 방정식의 근들의 갈루아군은 가해군이다'는 것을 증명해보자.

3. 갈루아 폐체(폐포)

이제 9부 능선까지 왔다. 앞 절에선 원분 방정식과 쿠머 방정식이 거듭제곱근으로 표시할 수 있고, 그 갈루아군이 가해군이라는 것을 알아보았다. 그럼 두 종류 외의 방정식의 근은 어떻게 표현할 수 있을까?

마지막 증명을 하기 전에 먼저 방정식의 근이 거듭제곱근으로 표현되면 근을 포함하는 거듭제곱확대이면서 정규확대체를 이루는 확대체열을 만들 수 있다는 것을 증명하자.

$f(x) = 0$의 한 근이

$$\alpha = \sqrt[3]{1+\sqrt{2}}$$

로 표현된다고 했을 때, α를 포함하는 최소확대체를 만들어보자. 방법은 근의 거듭제곱근 내부에서부터 최소방정식의 근을 포함하는 체를 만들어 나오면 된다.

먼저 Q에 $x^2 - 2 = 0$의 근인 $\sqrt{2}$를 첨가하여 $Q(\sqrt{2})$를 만든다. 다음으로 $x^3 - (1+\sqrt{2}) = 0$의 근인 $\sqrt[3]{1+\sqrt{2}}$를 첨가하여 $Q(\sqrt{2}, \sqrt[3]{1+\sqrt{2}})$가 된다. 확대체가 거듭순환 확대체가 되기 위해선 $Q(\zeta)$를 첨가해야 하므로

$$Q(\zeta) \subset Q(\sqrt{2}, \zeta) \subset Q(\sqrt{2}, \sqrt[3]{1+\sqrt{2}}, \zeta)$$

처럼 거듭순환 확대체를 만들 수 있다.

다음은 임의의 거듭제곱근을 포함하는 갈루아 폐체를 만들 수 있다는 정리이다.

정리 15-5 누차거듭제곱근 확대체의 갈루아 폐체(폐포)

α가 거듭제곱근으로 표현될 때 E/Q가 거듭순환 확대이면서 정규확대가 되는 α를 포함하는 Q의 확대체 E가 존재한다.

이번에는 다른 거듭제곱근에 대한 갈루아 폐체를 구해보자. 어떤 방정식의 근 α가 다음과 같이 주어진다.

$$\alpha = \sqrt[12]{\sqrt[7]{\sqrt[8]{3}+1} + \sqrt[5]{2}} + \sqrt{3}$$

먼저 Q에 $x^5 - 2 = 0$의 근 $\sqrt[5]{2}$를 첨가하여 $Q(\sqrt[5]{2})$를 만들 수 있다. 다음은 $x^8 - 3 = 0$의 근인 $\sqrt[8]{3}$을 첨가해서 $Q(\sqrt[5]{2}, \sqrt[8]{3})$를 만들 수 있다. 그리고 $x^7 - (\sqrt[8]{3}+1) = 0$의 근, $\sqrt[7]{\sqrt[8]{3}+1}$를 첨가해서 $Q(\sqrt[5]{2}, \sqrt[8]{3}, \sqrt[7]{\sqrt[8]{3}+1})$를 만들 수 있다.

마지막으로 $x^{12} - (\sqrt[7]{\sqrt[8]{3}+1} + \sqrt[5]{2}) = 0$의 근, $\sqrt[12]{\sqrt[7]{\sqrt[8]{3}+1} + \sqrt[5]{2}}$를

첨가하면

$$Q(\sqrt[5]{2}, \sqrt[8]{3}, \sqrt[7]{\sqrt[8]{3}+1}, \sqrt[12]{\sqrt[7]{\sqrt[8]{3}+1}+\sqrt[5]{2}}\,)$$

가 된다.

$\sqrt{3}$ 은 $(\sqrt[8]{3})^4$으로 표현할 수 있으므로 이미 포함되어 있다. 그리고 확대체가 거듭순환 확대체가 되기 위해서 $Q(\zeta)$를 첨가해서 확대열을 나타내면

$$Q(\zeta) \subset Q(\sqrt[5]{2}, \zeta) \subset Q(\sqrt[5]{2}, \sqrt[8]{3}, \zeta) \subset$$
$$Q(\sqrt[5]{2}, \sqrt[8]{3}, \sqrt[7]{\sqrt[8]{3}+1}, \zeta) \subset$$
$$Q(\sqrt[5]{2}, \sqrt[8]{3}, \sqrt[7]{\sqrt[8]{3}+1}, \sqrt[12]{\sqrt[7]{\sqrt[8]{3}+1}+\sqrt[5]{2}}, \zeta)$$

와 같이 Q에 대해서 거듭제곱 확대이면서 정규확대가 되는 갈루아 폐체가 만들어진다(자세한 과정은 카페 참고).

4. 해가 거듭제곱근으로 표현되면 갈루아군은 가해군

앞에서 증명한 결과를 이용해서 거듭제곱근을 이용한 가해군 정리를 증명해보자.

> 3. 방정식 $f(x)=0$의 해가 거듭제곱근으로 표현되면
> $f(x)=0$의 갈루아군이 가해군이다.

그림 15-10 거듭제곱근을 이용한 가해군 정리

$f(x)=0$이 하나의 해를 α, 최소분해체를 L이라 놓자.
갈루아 폐체의 정리에 의해서

$$Q = F_1 \subset F_2 \subset F_3 \subset \cdots \subset F_{k-1} \subset F_k = E$$

F_i/F_{i-1}은 순환확대, E/Q는 정규확대가 되는 E에 α를 포함하는 Q의 확대체 E가 존재한다.

E/Q가 정규확대이므로 동형사상에 의해 α가 대응하는 상, 곧 $f(x)=0$

의 해, $\alpha = \alpha_1, \alpha_2, \cdots, \alpha_n$은 모두 E에 속하게 된다. 따라서 E는 최소분해체 L을 포함한다. E/Q가 정규확대이므로 그림처럼 E/L도 정규확대이다. 그림처럼 $Gal(E/Q)$를 G, $Gal(E/L)$을 H로 놓자.

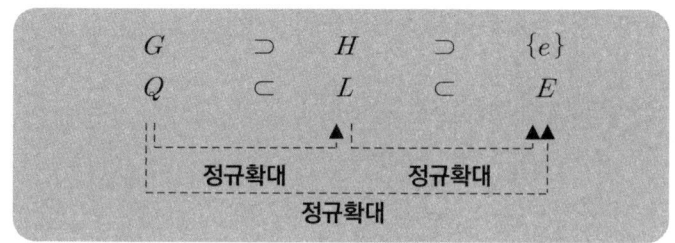

그림 15-11 최소분해체와 갈루아 폐체의 정규 확대

L은 최소분해체이고, L/Q는 정규확대이므로 정리 14-3에 의해

$$Gal(L/Q) \cong G/H$$

가 된다. E/Q가 거듭순환 확대이므로, 정리 15-3에 의해서 G는 가해군이 된다.
QED

다시 정리하면, $f(x) = 0$ 방정식의 한 개의 근이 거듭제곱근으로 표현되면, 거듭제곱 확대열을 만들 수 있으므로 가해군임을 증명할 수 있다는 것이다. 따라서 방정식은 근의 공식을 가진다라는 것이다.

생각해보면 당연한 결론이다. 앞에서 살펴보았던 3차방정식이나 4차방정식은 근의 공식이 있으므로 거듭제곱근으로 근을 구할 수 있었다. 그럼 근의 공식을 모르는 5차 이상의 방정식은 어떻게 가해군인지 알 수 있는가?

15장의 증명은 방정식의 근들을 구할 수 있다는 가정하에 갈루아군이 가해군인지를 판별하는 것이다. **이것만으로는 근의 공식을 모르는 방정식은 가해군인지 아닌지를 판별하기에는 부족하다.**

연습문제

[1-3] $f(x) = x^5 - 5$를 이용해서 다음을 구하시오.

1. $f(x) = 0$의 해를 구하시오.

2. $f(x) = 0$의 갈루아군을 구하시오.

3. $f(x) = 0$의 갈루아 대응을 구하시오.

4. 다음 용어를 설명하시오.
   갈루아 폐체

5. 다음 거듭제곱근의 갈루아 폐체를 구하시오.
   $\alpha = \sqrt[13]{\sqrt[9]{\sqrt[7]{3} + 1} + \sqrt[3]{2}} + \sqrt{5}$

16

가해군이면 거듭제곱근으로 표현된다

5차방정식이라도 $x^5 - 1 = 0$ 경우는 근의 공식이 존재한다. 더 나아가 $x^n - 1 = 0$ $(n>6)$의 경우도 근들은 거듭제곱근으로 표현 가능하다. 그러나 일반적인 $x^5 + ax^4 + bx^3 + cx^2 + dx + e = 0$ 같은 5차방정식의 경우는 근의 공식이 있는지 여부를 알 수 없다. 따라서 15장의 정리를 증명하는 것만으로는 일반적인 방정식의 근들이 거듭제곱근으로 표현되는지 알 수 없다.

다음은 '**갈루아 마지막 정리**'의 역방향($\Leftarrow$) 명제이다.

> Q 위의 방정식 $f(x)=0$의 해가 거듭제곱근으로 표현된다.
> $\Leftarrow$
> $f(x)=0$의 갈루아군이 가해군이다.

그림 16-1 가해군을 이용한 거듭제곱근 표현 정리

위의 명제의 대우를 구해보면

> $f(x)=0$의 갈루아군이 가해군이 아니면
> 해는 거듭제곱근으로 표현되지 않는다.

그림 16-2 가해군을 이용한 거듭제곱근 표현 정리의 대우

가 된다. 우리는 10장에서 살펴본 대로 5차방정식의 갈루아군은 S_5와 동형이고, 비가해군이라는 것은 쉽게 알 수 있다. 즉, '**갈루아의 마지막 정리**'의

역방향(⇐) 명제만 증명되면, 방정식의 갈루아군이 가해군인지 아닌지만 확인하면 방정식의 근의 공식 유무를 쉽게 할 수 있다. 그럼 '**갈루아의 마지막 정리**'의 역방향(⇐)의 명제를 증명해보자.

1. 갈루아군이 순환군이면 $x^n - a = 0$으로 표현할 수 있다

역방향(⇐)의 명제를 증명하려면 지금까지의 상식과 반대되는 정리를 증명해야 한다. 이제까지 모든 증명 과정은 1개의 방정식을 정한 후, 그 방정식의 근을 포함하는 최소분해체를 만든 후, 다시 중간체를 만들어서 각각의 갈루아군을 구해서 결론을 이끌어내었다.

그러나 이번 정리는 반대로 근들의 갈루아군이 순환군이면, $x^n - a = 0$ 방정식으로 거듭제곱 확대체를 만들 수 있다는 것이다.

정리 16-1 순환확대로부터 거듭제곱근 확대를 만든다.

K가 1의 원시 n제곱근 ζ를 포함하는 체이고, L/K는 정규확대이다. $Gal(L/K)$가 순환군일 때, K의 원소 a에 대해서 L은 $x^n - a = 0$의 최소분해체가 된다.

실제 증명 과정은 복잡하므로 3장에서 풀어본 3차방정식 $x^3 + 3x + 2 = 0$의 세 근을 이용해서 설명하도록 하겠다. 이 방정식의 세 근은 다음과 같다.

$$\alpha = \sqrt[3]{-1+\sqrt{2}} + \sqrt[3]{-1-\sqrt{2}}$$
$$\beta = \sqrt[3]{-1+\sqrt{2}}\,\omega + \sqrt[3]{-1-\sqrt{2}}\,\omega^2$$
$$\gamma = \sqrt[3]{-1+\sqrt{2}}\,\omega^2 + \sqrt[3]{-1-\sqrt{2}}\,\omega$$

α를 이용해서 근을 포함하는 확대체 열을 만들어보면 $x^2 - 2 = 0$의 근, $\sqrt{2}$를 첨가해서 $Q(\sqrt{2}, \omega)$를 만든다.

다음은 $x^3 - (-1+\sqrt{2}) = 0$의 근, $\sqrt[3]{-1+\sqrt{2}}$를 첨가해서 $Q(\sqrt{2}, \sqrt[3]{-1+\sqrt{2}}, \omega)$를 만든다. 확대열은

$$Q(\omega) \subset Q(\sqrt{2},\omega) \subset Q(\sqrt{2}, \sqrt[3]{-1+\sqrt{2}},\omega)$$

가 된다. 갈루아군을 구해보면

$$\sigma(\sqrt[3]{-1+\sqrt{2}}) = \sqrt[3]{-1+\sqrt{2}}\,\omega,\ \tau(\omega) = \omega^2$$

라고 하면, 3차방정식의 갈루아군은

$$S_3 = \langle \sigma, \tau \rangle = \{e, \sigma, \sigma^2, \tau, \tau\sigma, \tau\sigma^2\}$$

이고 위수가 6이 된다.

그럼 반대로 3차방정식 갈루아군 S_3가 가해군이라고 가정하자. 정리 14-3에 의해서

$$Gal(Q(\sqrt{2},\omega)/Q(\omega)) \cong S_3/\langle \sigma \rangle = \langle \tau \rangle$$

가 되어서 순환군이 된다. 따라서 $\langle \tau \rangle$의 위수는 2가 되어서 $Q(\sqrt{2},\omega)$의 최소방정식인 $x^2 - 2 = 0$로 표현된다.

$$\begin{array}{cccccc}
S_3/\langle\sigma\rangle=\langle\tau\rangle & & \langle\sigma\rangle/\{e\}=\langle\sigma\rangle & & \\
S_3 & \supset & \langle\sigma\rangle & \supset & \{e\} \\
Q(\omega) & \subset & Q(\sqrt{2},\omega) & \subset & Q(\sqrt{2},\sqrt[3]{-1+\sqrt{2}},\omega)
\end{array}$$

그림 16-3 3차방정식의 갈루아 대응

다시 정리 14-3에 의해서

$$Gal\big(Q(\sqrt{2},\sqrt[3]{-1+\sqrt{2}},\omega)/Q(\sqrt{2},\omega)\big) \cong \langle\sigma\rangle/\{e\} = \langle\sigma\rangle$$

가 된다. $\langle\sigma\rangle$는 위수 3인 순환군이므로 $Q(\sqrt{2},\sqrt[3]{-1+\sqrt{2}},\omega)$의 최소방정식인 $x^3 - (-1+\sqrt{2}) = 0$으로 표현된다. 이때 $-1+\sqrt{2}$는 $Q(\sqrt{2},\omega)$의 원소이므로 정리 16-1을 만족한다.

따라서 갈루아군이 순환군일 때는 하위체의 원소 a를 이용해서 상위체의 최소방정식 $x^n - a = 0$으로 표현할 수 있다.

$$\alpha = \sqrt[3]{-1+\sqrt{2}} + \sqrt[3]{-1-\sqrt{2}}$$

의 형태를 보면, $\sqrt[3]{}$ 안의 $-1+\sqrt{2}$는 하위체 $Q(\sqrt{2}, \omega)$의 원소이다. 그리고 $Q(\sqrt{2}, \omega)$에 속한 $\sqrt{2}$에서 $\sqrt{}$ 안의 2는 하위체 $Q(\omega)$에 속한다.

참고로 9장에서 5차방정식의 치환군 S_5의 잉여군에서 그림처럼 $\frac{|A_5|}{|e|} = 60$ 이므로, 정리 16-1에 의해서 $x^{60} - a = 0$ 형태의 방정식으로 표현할 수 있으며, 15장에서 알아봤듯이 이런 쿠머 방정식의 근은 거듭제곱근 형태로 나타낼 수 있으므로 S_5도 가해군이라고 생각할 수 있다. 그러나 9장에서 본 것처럼 S_5의 갈루아군 $Gal(A_5/\{e\})$는 순환군이 아니므로 정리 16-1에서 갈루아군이 순환군이어야 한다는 가정에 맞지 않으므로 $x^{60} - a = 0$의 형태로 나타낼 수 없다.

$$\frac{|S_5|}{|A_5|} = 2 \quad \frac{|A_5|}{|e|} = 60$$

$$S_5 \supset A_5 \supset \{e\}$$

그림 16-4 S_5의 정규부분군들에 의해서 만들어지는 잉여군과 위수

그리고 정리 16-1은 방정식의 근들의 갈루아군이 순환군이 될 때, 정규확대체 L이 $x^n - a = 0$의 근과 일치한다는 의미가 아니라 $x^n - a = 0$의 근으로 만들어진 체에 포함된다는 의미이다. 틀리지 않도록 주의하자. (방정식의 해가 같다는 것과 해가 같은 체에 포함된다는 것은 다르다. 예를 들어, 두 방정식 $x^2 - 2 = 0$과 $x^2 + 2x - 1 = 0$은 해는 다르지만 해가 포함되는 체는 $Q(\sqrt{2})$로 동일하다.)

2. 가해군이면 거듭제곱근으로 표현된다

이제 '갈루아의 마지막 정리'의 역방향($\Longleftarrow$)을 증명해보자.
$f(x) = 0$의 최소분해체 L, 갈루아군을 G라 하자. G가 가해군이면 그림처럼 부분군의 열과 그것에 갈루아 대응하는 중간체열을 만들 수 있다.

$$G \supset H_0 \supset H_1 \supset H_2 \supset \cdots \supset H_{s-1} \supset H_s = \{e\}$$
$$Q \subset F_0 \subset F_1 \subset F_2 \subset \cdots \subset F_{s-1} \subset F_s = L$$

그림 16-5 가해군열과 갈루아 대응하는 확대체열

여기서 F_i/F_{i-1}는 순환 확대이다.

앞의 3차방정식의 확대열처럼 중간체열에 1의 n제곱근인 ζ를 추가하면

$$Q(\zeta) \subset F_0(\zeta) \subset F_1(\zeta) \subset F_2(\zeta) \subset \cdots \subset F_{s-1}(\zeta) \subset F_s(\zeta) = L(\zeta)$$

처럼 된다. 그러면 $F_i(\zeta)/F_{i-1}(\zeta)$는 앞에서 실습한 3차방정식의 확대열처럼 거듭제곱근 확대가 된다. 정리 16-1에 의해서 $F_i(\zeta)$는 $x^n - a = 0$의 근들을 포함하는 최소분해체가 되고, 하위의 중간체 $F_{i-1}(\zeta)$의 원소 a를 이용해서 $F_{i-1}(\sqrt[n]{a}, \zeta)$로 표현할 수 있다.

앞에서 실습한 3차방정식을 예로 들면 $Q(\sqrt{2}, \sqrt[3]{-1+\sqrt{2}}, \omega)$에 속하는 근

$$\alpha = \sqrt[3]{-1+\sqrt{2}} + \sqrt[3]{-1-\sqrt{2}}$$

의 형태를 보면, 최소방정식은 $x^3 - (-1+\sqrt{2}) = 0$로 $-1+\sqrt{2}$이 a가 된다. $\sqrt[3]{}$ 안의 $-1+\sqrt{2}$는 하위체 $Q(\sqrt{2})$의 원소이다. 따라서 α는 $Q(\sqrt{2})(\sqrt[3]{a}, \omega)$로 표현할 수 있다.

다시 $Q(\sqrt{2})$의 최소방정식은 $x^2 - 2 = 0$이므로 2가 b이다. $Q(\sqrt{2})$는

하위체 $Q(b)$가 된다.

따라서 $Q(\sqrt{2})(\sqrt[3]{a}, \omega)$는 차례대로 하위체로 표현되므로 최종적으로 $Q(\sqrt[3]{a}, \sqrt{b}, \omega)$로 표현된다.

따라서 $F_i(\zeta)$의 확대열도 하위체의 거듭제곱근으로 표현될 수 있으므로 $L(\zeta)$는 결국 $Q(\zeta)$로부터 차례로 거듭제곱근을 첨가하여 만든 확대체가 된다.

$$L(\zeta) = F_{s-1}(\sqrt[n_s]{a_s}, \zeta) = F_{s-2}(\sqrt[n_s]{a_s}, \sqrt[n_{s-1}]{a_{s-1}}, \zeta) = \cdots$$
$$= Q(\sqrt[n_s]{a_s}, \cdots, \sqrt[n_1]{a_1}, \zeta)$$

이 된다.

1의 n제곱근 ζ는 거듭제곱근으로 표현할 수 있으므로 $f(x) = 0$의 해는 $L(\zeta) = Q(\sqrt[n_s]{a_s}, \cdots, \sqrt[n_1]{a_1}, \zeta)$에 속해 있기 때문에 거듭제곱근으로 나타낼 수 있다.

다른 3차방정식의 근

$$\beta = \sqrt[3]{-1+\sqrt{2}}\,\omega + \sqrt[3]{-1-\sqrt{2}}\,\omega^2$$

를 보면 $\sqrt[3]{-1+\sqrt{2}}$의 최소방정식 $x^3 - a_2 = 0$에 의해서 $a_2 = -1 + \sqrt{2}$가 된다. 따라서 최소분해체는 $Q(\sqrt[3]{a_2})$가 된다. 그리고 $-1 + \sqrt{2}$의 최소방정식 $x^2 - a_1 = 0$에 의해서 $a_1 = 2$가 되므로, $Q(\sqrt{a_1})$이 된다. 여기에 ω가 첨가되어 $Q(\sqrt{a_1}, \omega)$가 된다. 따라서 a_2는 $\sqrt{a_1}$으로 표현할 수 있다. 최종적으로 β가 포함되는 최종체는 $Q(\sqrt[3]{a_2}, \sqrt{a_1}, \omega)$가 된다.

즉 가해군이 되는 확대체에서 방정식의 해를 포함하고 있는 최고 상위 계단에 위치한 최소분해체는 각각의 하위 계단에 위치한 중간체들의 거듭제곱근으로 표현할 수 있다는 것이다.

3. 갈루아군이 가해군이 아닌 5차방정식의 반례

앞에서 증명한 '갈루아의 마지막 정리'의 역방향($\Leftarrow$) 명제의 대우는 방정식의 갈루아군이 가해군이 아니면 해는 거듭제곱근으로 표현되지 않는다.

> 해가 거듭제곱근으로 표현되면
> $f(x) = 0$의 갈루아군이 가해군이다.

대우 ⬇

> $f(x) = 0$의 갈루아군이 가해군이 아니면
> 해는 거듭제곱근으로 표현되지 않는다.

그림 16-6 가해군을 이용한 거듭제곱근 표현 정리의 대우

따라서 특정 5차방정식의 갈루아군을 구해서 가해군이 아니다라는 것을 밝히면 5차방정식의 근의 공식은 없는 것이다. 그럼 특정 5차방정식을 정해서 가해군이 아님을 밝혀보자. 먼저 코시의 정리를 알아보자.

정리 16-2 코시의 정리

p를 소수라 할 때, p가 군의 G의 위수의 약수이면 G에는 $g^p = e$, $g \neq e$가 되는 원소 g가 존재한다.

코시의 정리에 해당하는 예를 들어보면, 앞에서 방정식 $x^3 - 2 = 0$ 방정식의 자기동형사상으로 이루어진 갈루아군은

$$G = \langle \sigma, \tau \rangle = \{e, \sigma, \sigma^2, \tau, \tau\sigma, \tau\sigma^2\}$$

가 된다. $|\langle \sigma, \tau \rangle| = 6$이고, 3은 소수이면서 6의 약수가 된다. 따라서 $\langle \sigma, \tau \rangle$에는 $\sigma^3 = e$가 되는 σ가 존재한다.

5차방정식 $x^5 - 10x + 2 = 0$은 근의 공식이 없다는 것을 증명해보자.

먼저 $x^5 - 10x + 2 = 0$의 갈루아군을 구해보자. 이 방정식의 갈루아군이 S_5와 동형이면 갈루아군이 가해군이 아니므로 $x^5 - 10x + 2 = 0$은 근의 공식이 없는 방정식이 된다.

먼저 $x^5 - 10x + 2 = 0$이 정리 12-3의 아이젠슈타인 판정법에 의해서 Q

위에서 기약다항식임을 확인해보자. $p=2$라고 두면

① 상수항의 2는 2로 나누어떨어지지만, 4로는 나누어지지 않는다.

② 최고차 항의 계수 1은 2로 나누어떨어지지 않는다.

③ 다른 계수 0, 10은 2로 나누어떨어진다.

따라서 $x^5 - 10x + 2 = 0$은 정리 12-3에 의해서 Q 위에서 기약다항식이다.

다음으로 그래프를 이용해서 $x^5 - 10x + 2 = 0$가 실수해 3개, 허수해 2개를 갖는다는 것을 보이자.

먼저 $y = x^5 - 10x + 2$로 두고 양변을 미분하면 $y' = 5x^4 - 10$이 되어 $y' = 0$이 되는 x는 $x = \pm \sqrt[4]{2}$가 된다. 따라서 $y = x^5 - 10x + 2$의 그래프를 보면

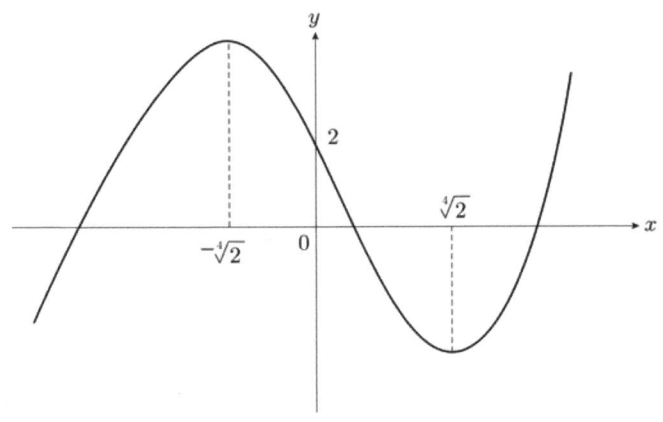

그림 16-7 $y = x^5 - 10x + 2$의 그래프

그래프상으로 $y = x^5 - 10x + 2$는 3개의 실수근과 2개의 허수근을 갖는다. 허수근을 α_1, α_2라 하고, 실수근을 $\alpha_3, \alpha_4, \alpha_5$라 하자.

5차방정식의 근의 치환에 의해서 만들어지는 군은 S_5이다. 그리고 13장의 자기동형사상을 설명할 때, 그림 13-7처럼 자기동형사상은 근의 치환을 함수화한 것이라고 했다. 따라서 5차방정식의 자기동형사상으로 이루어진 갈루아군 G와 S_5의 원소와 일대일 대응이 되므로 동형이 된다. 따라서 S_5

의 치환만을 고려하면 된다.

증명을 해보면, 허수근 α_1, α_2는 켤레복소수의 관계이므로 G의 원소에는 켤레복소수를 대응시키는 자기동형사상이 있다.(13장 참고)

이것을 τ라고 놓으면

$$\tau(\alpha_1) = \alpha_2, \ \tau(\alpha_2) = \alpha_1, \ \tau(\alpha_3) = \alpha_3, \ \tau(\alpha_4) = \alpha_4, \ \tau(\alpha_5) = \alpha_5$$

가 되어, τ에 대응되는 S_5의 원소는 호환 (1 2)가 된다.

다음으로 5차방정식 $x^5 - 10x + 2 = 0$의 확대열을 만들어보면

$$Q \subset Q(\alpha_1) \subset Q(\alpha_1, \alpha_2, \alpha_3, \alpha_4, \alpha_5)$$

가 된다. 여기에서 α_1은 5차의 기약다항식으로 만드는 방정식의 근이므로 정리 12-2에 의해서 $[Q(\alpha_1) : Q] = 5$가 된다. 따라서 중간체를 이용해서 다항식의 차수를 표시하면

$$[Q(\alpha_1, \alpha_2, \alpha_3, \alpha_4, \alpha_5) : Q] = [Q(\alpha_1, \alpha_2, \alpha_3, \alpha_4, \alpha_5) : Q(\alpha_1)] \times [Q(\alpha_1) : Q]$$

이 된다. 그런데 $[Q(\alpha_1) : Q] = 5$이므로 다항식의 차수는 5로 나누어떨어진다. 그런데 $[Q(\alpha_1, \alpha_2, \alpha_3, \alpha_4, \alpha_5) : Q] = |G|$이므로 갈루아군의 위수도 5로 나누어떨어진다. 따라서 코시의 정리에 의해서 $g^5 = e$가 되는 원소 g가 갈루아군에 존재한다.

이것을 σ로 놓으면 σ에 대응되는 S_5의 치환은 $\sigma = $ (1 2 3 4 5)가 된다. 치환 τ와 σ는 S_5의 원소가 됨을 알 수 있다.

그런데 9장에서 길이 2인 치환들을 학습했다. 9장에선 길이 2인 치환(호환) 중에 (1 2), (2 3), (3 4), (4 5), (1 5)의 5개만 있으면 S_5의 모든 치환을 만들 수 있다. 따라서 치환 τ와 σ를 이용해서 이 5개의 치환을 만들 수 있으면 $G = S_5$가 된다.

먼저 치환 (2 3)을 만들어보자. 치환의 역원은 치환을 반대로 나열하면 된다.

- $\sigma^{-1}\tau\sigma = $ (1 2 3 4 5)$^{-1}$(1 2)(1 2 3 4 5)

$$= (5\,4\,3\,2\,1)(1\,2)(1\,2\,3\,4\,5) = (2\,3)$$

치환 τ와 σ를 이용해서 다른 호환들도 찾아보면

- $\sigma^{-2}\tau\sigma^2 = (3\,4)$
- $\sigma^{-3}\tau\sigma^3 = (4\,5)$
- $\sigma^{-4}\tau\sigma^4 = (1\,5)$

이 된다.

즉, 치환 τ와 σ를 이용해서 5개의 호환을 모두 만들 수 있고, 다시 이 5개의 호환을 이용해서 S_5의 모든 원소를 만들 수 있다. 따라서 $G = S_5$이므로 S_5는 가해군이 아니므로 방정식 $x^5 - 10x + 2 = 0$의 근들은 거듭제곱근으로 표현할 수 없다.

방정식 $x^5 - 10x + 2 = 0$이 **5차 이상의 일반 방정식에서는 제곱근으로 표현되는 근의 공식은 없다는 것의 반례**가 된다.

연습문제

1. 다음 용어들을 설명하시오.
   (1) 갈루아의 마지막 정리 순방향
   (2) 갈루아의 마지막 정리 역방향
   (3) 코시의 정리

2. 다음 치환 연산을 구하시오.
   $\tau = (1\ 2),\ \sigma = (1\ 2\ 3\ 4\ 5)$

   $\sigma^{-1}\tau\sigma$
   $\sigma^{-2}\tau\sigma^2$
   $\sigma^{-3}\tau\sigma^3$
   $\sigma^{-4}\tau\sigma^4$

3. $x^5 - 4x + 2 = 0$의 해는 거듭제곱근로 나타낼 수 없음을 보이시오.

5장에서 4차방정식 근의 공식을 이용해서 $x^4 + 4x + 1 = 0$의 하나의 근을 구했다.
$\alpha = s + t + u$

$$= \sqrt{\frac{1}{2}\left(\sqrt[3]{1+\sqrt{\frac{26}{27}}} + \sqrt[3]{1-\sqrt{\frac{26}{27}}}\right)} + \sqrt{\frac{1}{2}\left(\sqrt[3]{1+\sqrt{\frac{26}{27}}}\,\omega + \sqrt[3]{1-\sqrt{\frac{26}{27}}}\,\omega^2\right)}$$

$$+ \sqrt{\frac{1}{2}\left(\sqrt[3]{1+\sqrt{\frac{26}{27}}}\,\omega^2 + \sqrt[3]{1-\sqrt{\frac{26}{27}}}\,\omega\right)}$$

4. 거듭순환 확대체를 만들어보시오.

5. 자기동형사상으로 이루어진 갈루아군을 구하시오.

6. 갈루아군과 중간체의 갈루아 대응을 만들어보시오.

epilogue

    중요한 것은 지금의 내 생각이다. 갈루아가 왜 나를 선택했겠는가를 곰곰이 생각해보았다. 갈루아는 20세의 젊은 나이에 위대한 증명을 발견하고는 허무하게 생을 마감하고 만다.

    그 후 그의 갈루아 이론이 세상에서 빛을 보면서 더욱더 엄밀하게 증명되고 형식화되었다. 그런데 왜 새삼 나에게 이런 글을 쓰게 만들었을까? 나는 며칠 동안 생각해 보았다. 한 가지 결론은 그는 갈루아 이론이 처음 발견했을 때와 달리 현재의 어렵고 복잡하게 만들어진 갈루아 이론이 사람들에게 거부감을 주는 것을 극구 싫어했다. 따라서 그는 현실의 누군가에게 이 메시지를 전달해야 하는데 그 전달받은 사람이 바로 나인 것이다. 그는 나에게 자신이 처음에 증명한 방법대로 갈루아 이론을 설명해서 사람들이 좀 더 쉽게 이해할 수 있도록 하라는 메시지를 나에게 보낸 것이다.

    아니, 갈루아가 나로 다시 현실에 태어난 것이다. 따라서 내가 곧 갈루아이기 때문에 나는 이 갈루아 이론을 이용해서 자신이 직접 쓴 유언처럼 영리를 추구할 수 있는 것이다.

    세상은 무대이고, 그것은 도전하는 사람의 것이다. 내가 걸어가면 길이 된다.

부록1

$$Q(\alpha,\beta,\gamma,\delta) = Q(\alpha) = Q(\beta) = Q(\gamma) = Q(\delta)$$
증명하기

$x^4 - 4x^2 + 1 = 0$의 해를 구해보면

$$\alpha = \sqrt{2+\sqrt{3}}, \ \beta = -\sqrt{2+\sqrt{3}},$$
$$\gamma = \sqrt{2-\sqrt{3}}, \ \delta = -\sqrt{2-\sqrt{3}}$$

가 된다.

$Q(\alpha,\beta,\gamma,\delta) = Q(\alpha) = Q(\beta) = Q(\gamma) = Q(\delta)$가 됨을 확인해보자. 먼저 $Q(\alpha,\beta,\gamma,\delta) \supset Q(\alpha)$이므로, $Q(\alpha,\beta,\gamma,\delta) \subset Q(\alpha)$만 증명하면 된다.

이를 위해서 β, γ, δ가 α와 유리수의 사칙연산으로 표현된다는 것을 알아보자.

$$\beta = -\sqrt{2+\sqrt{3}} = -\alpha$$
$$\alpha\gamma = \sqrt{2+\sqrt{3}} \times \sqrt{2-\sqrt{3}} = 1$$

따라서

$$\gamma = \frac{1}{\alpha}$$
$$\delta = -\sqrt{2-\sqrt{3}} = -\gamma = -\frac{1}{\alpha}$$

이 된다. β, γ, δ가 α로 표현되므로 $Q(\alpha,\beta,\gamma,\delta) \subset Q(\alpha)$이 성립한다. 따라서 $Q(\alpha,\beta,\gamma,\delta) = Q(\alpha)$가 된다.

$Q(\beta)$, $Q(\gamma)$, $Q(\delta)$에 대해서도 같은 방법으로 증명 가능하다.

부록2

3차방정식의 갈루아 대응 구하기

본문에서 3차방정식 $x^3 - 2 = 0$의 갈루아 대응을 구해보았다. 그럼 일반적인 3차방정식 $x^3 + px + q = 0$ (p와 q는 유리수)의 갈루아 대응을 구해보자.

$x^3 + px + q = 0$ (p와 q는 유리수)의 방정식의 세 근을 α, β, γ라고 하자. 그리고 일반적인 3차방정식의 치환군은 S_3이다. 치환군은 자기동형사상으로 이루어진 갈루아군과 동형이다.

먼저 S_3의 부분군을 구해서 그 부분군에 대한 불변체를 구하면 된다.

$S_3 = \{e, \sigma, \sigma^2, \tau, \tau\sigma, \tau\sigma^2\}$라고 하면 다음은 각 원소에 대한 치환을 나타내고 있다.

표 1-1 S_3의 치환표

·	치환
e	(1)
σ	(1 2 3)
σ^2	(1 3 2)
τ	(2 3)
$\tau\sigma$	(1 3)
$\tau\sigma^2$	(1 2)

부분군은 $\{e\}$, $\{e, \tau\}$, $\{e, \tau\sigma\}$, $\{e, \tau\sigma^2\}$, $\{e, \sigma, \sigma^2\}$, $\{e, \sigma, \sigma^2, \tau, \tau\sigma, \tau\sigma^2\}$으로 6개가 있다. 다음은 S_3의 부분군들의 구조를 나타내고 있다.

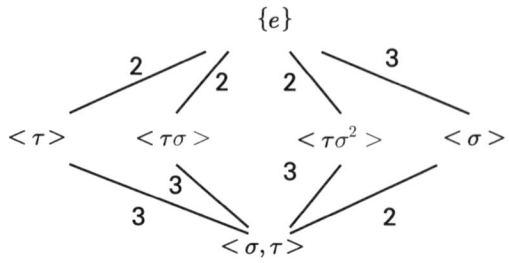

그림 1 S_3 부분군들의 구조

이제 부분군에 대응하는 불변체를 구해보자.

$x^3+px+q=0$ (p와 q는 유리수)의 방정식의 세 근 α, β, γ를 이용해서 최소확대체를 구해보면 $Q(\alpha, \beta, \gamma)$가 된다. 그리고 $\langle \tau \rangle$에 불변인 체는 $Q(\alpha)$가 된다. 차례대로 $\langle \tau\sigma \rangle$, $\langle \tau\sigma^2 \rangle$에 대한 불변체는 $Q(\beta)$와 $Q(\gamma)$가 된다.

남은 것은 $\langle \sigma \rangle$이다.

2차방정식 $ax^2+bx+c=0$에선 근이 2개이므로 근을 치환하는 경우는 항등치환과 공액치환밖에 없다. 공액치환에 대해서 값이 변경되지 않는 대칭식은

$$(\alpha-\beta)^2 = (\alpha+\beta)^2 - 4\alpha\beta = b^2 - 4ac$$

가 된다. 동일하게 $ax^3+px+q=0$ (p와 q는 유리수)의 세 근 α, β, γ들의 두 근의 차를 이용해 대칭식을 만들 수 있다.

$$\begin{aligned}(\alpha-\beta)^2(\beta-\gamma)^2(\gamma-\alpha)^2 \\ = -27(\alpha\beta\gamma)^2 - 9(\alpha^2\beta^2+\beta^2\gamma^2+\gamma^2\alpha^2) - 3(\alpha^2+\beta^2+\gamma^2)p^2 - q^3 \\ = -27q^2 - 4p^3\end{aligned}$$

가 된다. 따라서

$$(\alpha-\beta)(\beta-\gamma)(\gamma-\alpha) = \sqrt{-27q^2-4p^3}$$

가 된다.

$(\alpha-\beta)(\beta-\gamma)(\gamma-\alpha)$는 $\langle\sigma\rangle$에 대해서 불변이므로, 불변체는 $Q((\alpha-\beta)(\beta-\gamma)(\gamma-\alpha))$가 된다. 따라서 $(\alpha-\beta)(\beta-\gamma)(\gamma-\alpha)=\theta$가 놓으면 부분군에 대응하는 불변체는 다음과 같다.

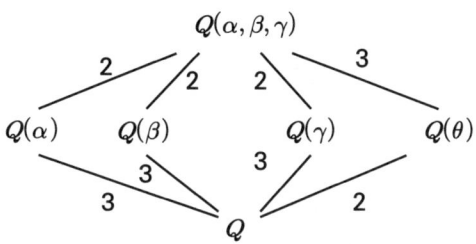

그림 2 $x^3+px+q=0$의 중간체들의 구조

$Q(\theta) = Q(\sqrt{-27q^2-4p^3})$이므로 $[Q(\theta):Q]=2$가 된다. 그런데 3차방정식에서 $-27q^2-4p^3$가 어떤 수의 제곱이 되면

$$Q(\theta) = Q(\sqrt{k^2}) = Q$$

가 되어서 $[Q(\theta):Q]=1$이 된다. 다음은 $Q(\theta)$가 유리수인 경우, 3차방정식의 갈루아 대응을 나타내고 있다.

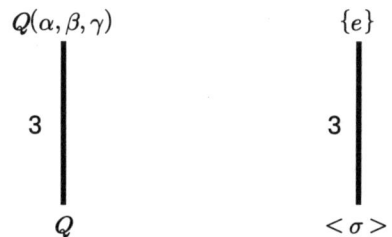

그림 3 $Q(\theta)$가 유리수인 경우 갈루아 대응

3차방정식 $x^3-3x+1=0$은 $-27q^2-4p^3$를 계산하면 유리수가 되므로 최소분해체의 차수는 3이 된다. 따라서 3차방정식에서 아이젠슈타인 판별법으로 기약다항식을 판별할 수 없을 때 사용하면 쉽게 차수를 알 수 있다.

4차방정식의 갈루아 대응

이번에는 4차방정식의 갈루아 대응을 알아보자. 다음은 8장에서 다뤘던 일반적인 4차방정식의 가해군열이다.

$$\frac{|S_4|}{|VA_4|}=2 \quad \frac{|VA_3|}{|V|}=3 \quad \frac{|V|}{|N|}=2 \quad \frac{|N|}{|e|}=2$$

$$S_4 \supset VA_3 \supset V \supset N \supset \{e\}$$

그림 3 일반적인 4차방정식의 가해군열

이 가해군열에 대해서 대응하는 불변체를 구해보자.

다음은 8장에서 배운 일반적인 4차방정식 $x^4+px^2+qx+r=0$ (p, q, r은 유리수)의 근을 구하는 과정이다.

① 4차방정식을 s^2, t^2, u^2을 근으로 하는 3차방정식으로 변환한다.
② 3차방정식의 근의 공식을 이용해서 s^2, t^2, u^2를 구한다.
③ $stu=-\dfrac{q}{8}$를 이용해서 4개의 근을 구한다.

따라서 $x^4+px^2+qx+r=0$ (p, q, r은 유리수)은 s^2, t^2, u^2를 근으로 하는 3차방정식으로 변환할 수 있다. 3차방정식을 만들어보면

$$(y-s^2)(y-t^2)(y-u^2)=0$$
$$y^3-(s^2+t^2+u^2)y^2+(s^2t^2+t^2u^2+u^2s^2)y-s^2t^2u^2=0$$

$$y^3 + \frac{p}{2}y^2 + \left(\frac{p^2}{16} - \frac{r}{4}\right)y - \frac{q^2}{64} = 0$$

이 된다.

s^2, t^2, u^2까지의 갈루아 대응은 3차방정식과 같다. 따라서 VA_3에 의해서 불변인 체는 $Q((s^2-t^2)(t^2-u^2)(u^2-s^2))$가 된다. 그리고 V에 의해서 불변인 체는 $Q(s^2, t^2, u^2)$가 된다.

s, t, u는 4차방정식의 4개의 근에 의해서

$$s = \frac{1}{4}[(\alpha - \gamma) + (\beta - \delta)]$$

$$t = \frac{1}{4}[(\alpha + \gamma) - (\beta + \delta)]$$

$$u = \frac{1}{4}[(\alpha - \gamma) - (\beta - \delta)]$$

로 표현된다.

$N = \{e', a\} = \{(1'), (1\,2)(3\,4)\}$ 이므로 $Q(s^2, t^2, u)$를 불변으로 한다. 따라서 4차방정식의 갈루아 대응은 다음과 같다.

$$S_4 \supset VA_3 \supset V \supset N \supset \{e'\}$$
$$Q \subset Q((s^2-t^2)(t^2-u^2)(u^2-s^2)) \subset Q(s^2, t^2, u^2)$$
$$\subset Q(s^2, t^2, u) \subset Q(s, t, u)$$

그림 3 일반적인 4차방정식의 갈루아 대응

$$Gal\big(Q((s^2-t^2)(t^2-u^2)(u^2-s^2))/Q\big) \cong S_4/VA_3$$

가 되고, $|S_4/VA_3| = 2$가 되어서 순환군이 된다. 다른 확대체의 갈루아군의 위수도 소수가 되어 순환군이 되므로 S_4는 가해군이 된다.

$x^4 - 4x^2 + 3 = 0$의 확대열을 완성해보자.

$x^4 + px^2 + qx + r = 0$에서 $p = -4$, $q = 0$, $r = 3$이므로 s^2, t^2, u^2을 근으로 하는 3차방정식은

$$y^3 + \frac{p}{2}y^2 + \left(\frac{p^2}{16} - \frac{r}{4}\right)y - \frac{q^2}{64} = 0$$은

$$y^3 - 2y^2 + \frac{1}{4}y = y\left(y^2 - 2y + \frac{1}{4}\right) = 0$$

따라서 $y = 0$, $\dfrac{2 - \sqrt{3}}{2}$, $\dfrac{2 + \sqrt{3}}{2}$이 된다.

$$s = 0, \ t = \frac{2 - \sqrt{3}}{2}, \ u = \frac{2 + \sqrt{3}}{2}$$

라고 하면

$$Q \subset Q\left(\frac{\sqrt{3}}{2}\right) = Q\left(0, \frac{2 - \sqrt{3}}{2}, \frac{2 + \sqrt{3}}{2}\right)$$
$$\subset Q\left(0, \frac{\sqrt{3}}{2}, \sqrt{\frac{2 + \sqrt{3}}{2}}\right) = Q\left(0, \sqrt{\frac{2 - \sqrt{3}}{2}}, \sqrt{\frac{2 + \sqrt{3}}{2}}\right)$$

두 번째 등호는 $\dfrac{\sqrt{3}}{2}$는 $\dfrac{\sqrt{2 - \sqrt{3}}}{2}$로 표현할 수 있으므로 성립한다. 따라서 $Q\left(\dfrac{\sqrt{3}}{2}\right)$에서 2차가 되고, $Q\left(0, \dfrac{\sqrt{3}}{2}, \dfrac{\sqrt{2 + \sqrt{3}}}{2}\right)$에서 다시 2차가 된다.

그리고 $\dfrac{\sqrt{2 - \sqrt{3}}}{2}$은 $\dfrac{\sqrt{2 + \sqrt{3}}}{2}$으로 표현할 수 있으므로 방정식의 최소분해체는 $Q\left(\sqrt{\dfrac{2 + \sqrt{3}}{2}}\right)$가 되어서 Q의 4차 확대가 된다.

연습문제

다음 4차방정식들의 확대체열을 완성하시오.

(1) $x^4 - 1 = 0$
(2) $x^4 - 2 = 0$
(3) $x^4 - 2x^2 + 2 = 0$

갈루아 유언

사랑하는 친구에게,

나는 여러 개의 새로운 아이디어를 분석해 보았어. 하나는 방정식들의 이론에 관한 것이고, 다른 하나는 적분 함수들에 관한 것이야.

방정식 이론에서 근호에 의해서 풀리는 방정식에 관해서 연구했지. 이것은 나에게 더 깊게 이 이론에 대해서 연구할 수 있는 기회를 제공했고, 근호에 의해서 풀리지 않는 방정식에 대해서는 물론 한 개의 방정식에 대한 모든 가능한 변환을 기술했어.

이 모든 것은 세 개의 논문에 기술되었지.

첫 번째 것은 푸아송(Poisson)이 언급한 것에도 불구하고, 내가 고수한 수정이 함께 쓰였어.

두 번째 것은 방정식의 이론으로부터 더욱더 흥미로운 응용이 포함되어 있어. 이것이 가장 중요한 요약이야.

1. 첫 번째 논문의 명제 II와 III에 따르면, 한 개의 방정식에 대한 근 중의 한 개 또는 한 개의 보조 방정식의 모든 근의 결합 사이에 커다란 차이점을 볼 수 있다.

두 가지 경우에 대해서, 방정식의 군은 하나에서 다른 것으로 요소의 추가에 의한 자기 변환으로 인해서 다른 군으로 분할될 수 있다. 그러나 이런 군이 동일한 대체가 되는 조건은 단지 두 번째 경우에만 유효하다. 이것은 정규 분해(proper decomposition)라고 불린다.

다른 말로, 군 G가 다른 군 H를 포함하고 있을 때, 군 G는 H의 자기 변환에서 다음과 같이 치환 연산으로서 얻게 되는 각각의 군으로 분할될 수 있다.
$$G = H + HS + HS' + \cdots$$
그리고 또한 다음과 같이 모든 유사한 대체를 가지는 군으로 분할할 수 있다.
$$G = H + TH + T'H + \cdots$$
일반적으로 이런 두 개의 분할은 일치하지 않는다. 이러한 분해가 일치하면, 이 분해를 정규적(proper)이라고 한다.

방정식의 군이 어떤 정규 분해에 대해서도 민감하지 않을 때 이 방정식을 변환했으나, 변환된 방정식의 군들은 언제나 같은 치환의 수를 가질 것이다.

반면에, 방정식의 군이 N개의 치환으로 이루어진 M개의 군으로 분해시키는 한 개의 정규 분해에 대해서 민감하다면, 두 개의 방정식으로 주어진 방정식을 풀 수 있다. 한 개의 방정식은 M개의 치환을 가지는 군을 가지고, 다른 것은 N개의 치환을 가지는 군을 가진다.

이 각각의 군이 소수의 치환 개수를 가지면 이 방정식은 근호에 의해서 풀리게 될 것이다. 소수가 아니면 풀리지 않는다.

소수가 아니면서 더 이상 분해되지 않는 군이 가지는 가장 작은 수의 치환은 5 · 4 · 3이다.

2. 가장 간단한 분해는 가우스의 방법(The method of Gauss)에 의해서 얻을 수 있다.

이러한 분해들은 분명하므로 방정식 군의 현재 형식에서조차 이러한 주제에 대해서 시간을 소모할 필요가 없다.

가우스 방법에 의해서 간단하게 되지 않는 방정식에 대해서 어떤 분해가 실현 가능할까?

나는 가우스 방법에 의해서 간단하게 되지 않는 방정식들을 원시(primitive) 방정식으로 부르기로 했어. 그것들은 근호에 의해서 풀리기 때문에 이러한 방정식들이 정말 분해되지 않는 것이 아니야.

근호에 의해서 풀리는 원시방정식에 대한 이론에 대한 부명제로서, 나는 1830년 6월 《페루작 회보(Bulletin de Férussac)》에서 수 이론에서의 허수의 해석에 대해서 다루었지.

다음 이론의 동봉된 증명을 발견할 것이야.

1. 근호에 의해서 풀리는 원시 방정식에 대해서 그것은 반드시 p^ν의 차수이어야 한다. 여기서 p는 소수이다.

2. 그런 방정식의 모든 치환은 다음과 같은 형식을 가진다.

$$x_{k,l,m,\ldots} \mid x_{ak+bl+cm+\ldots+h, a'k+b'l+c'm+\ldots+h', a''k+\ldots, \ldots}$$

$k, l, m. \nu$ 는 지수들이고, 각각은 p의 값을 가지며, 모든 근을 표시한다. 지수들은 모듈러 p를 환원된다. 즉, 한 개의 지수에 p의 곱이 더해졌을 때 그 근들은 같게 된다.

이런 선형 형식의 모든 치환 연산해서 얻은 군은 다음 치환들을 포함한다.

$$p^\nu(p^\nu-1)(p^\nu-p)(p^\nu-p^{\nu-1})$$

그것들이 대표하는 방정식이 근호에 의해서 풀릴 것이라는 것은 일반적으로 진실과 거리가 멀다.

내가 《페루작 회보》에서 지적했던 근호에 의해 풀리는 방정식의 조건은 매우 제한적이다. 약간의 예외가 있는데, 조건이 있긴 해.

방정식의 이론의 마지막 적용은 타원 함수의 모듈러 방정식에 관련된 것이지.

근들에 대해서 한 주기의 p^2-1 분할의 크기의 사인(sine)을 가지는 방정식의 군은 다음과 같다.

$$x_{k\,\cdot\,l} \qquad x_{ak+bl \mid ck+dl}$$

결과적으로 그것의 군에 대응하는 모듈러 방정식은 다음을 갖는다.

$$x_{\frac{k}{l}}, \quad x_{\frac{ak+bl}{ck+dl}}$$

k/l은 다음의 $p+1$가지의 값을 가진다.

$$\infty, 0, 1, 2, \cdots, p-1$$

따라서 k가 무한대일 수 있다는 것에 동의하면, 다음과 같이 간단하게 쓸 수 있다.

$$x_k, \quad x_{\frac{ak+b}{ck+d}}$$

a, b, c, d에 모든 값을 부여함으로써 $(p+1)p(p-1)$개의 치환을 얻는다.

지금 이 군은 정규적으로 두 개의 군으로 분할된다. 그것들의 대입은 다음과 같다.

$$x_k, \quad x_{\frac{ak+b}{ck+d}}$$

$ad - bc$는 p의 2차 형식의 유수이다.

따라서 간단하게 된 군은 다음과 같은 치환 개수를 가진다.

$$(p+1)p\frac{p-1}{2}$$

그러나 p가 2나 3이 아니면, 그것을 더 정규적으로 분해하기는 가능하지 않다는 것은 쉽게 알 수 있다.

따라서 어떤 방식으로 변환하더라도 군은 언제나 같은 개수의 치환을 가진다.

그러나 차수는 줄일 수 있는지 아는 것이 궁금하다.

그리고 먼저 p보다 작은 차수의 방정식은 그것의 군에서 치환의 수의 인수로서 p를 가질 수 없으므로 p보다 작게 줄일 수 없다.

따라서 무한대를 포함한 모든 그것의 값들을 k에 할당해서 얻은 근 x_k와 대입에 대해서 그 군이 다음을 갖는 $p+1$ 차수의 방정식을 보자.

$$x_k, \quad x_{\frac{ak+b}{ck+d}}$$

$ad - bc$는 제곱수이고, 차수 p로 줄 수 있다.

그러나 이것에 대해서, 그 군은 각각의 $(p+1)(p-1)/2$의 치환 개수를 갖는 p개의 군으로 분할되어야 한다(비정규적 분할로 이해된다).

0과 ∞를 이 군 중 하나와 관련된 두 개의 문자라고 하자. 0과 ∞를 치환시키지 않는 대입들은 다음의 형식이 될 것이다.

$$x_k, \quad x_{m^2k}$$

따라서 M이 1과 관련된 문자라면, m^2과 관련된 문자는 m^2M이 될 것이다. M이 제곱수이면 $M^2 = 1$이 된다. 그러나 이러한 단순화는 단지 $p = 5$일 때 가능하다.

$p = 7$에 대해서 $(p+1)(p-1)/2$의 치환을 갖는 한 개의 군을 발견한다.

∞ 1 2 4

는 상대적으로 다음의 수와 관계된다.

0 3 6 5

이 군은 다음의 형식의 대입을 가진다.

$$x_k, \quad x_{a\frac{k-b}{k-c}}$$

b는 c에 대응하는 문자이고, a는 c에 대해서 한 개의 유수이거나 유수가 아닌 문자이다.

$p = 11$에 대해서는, 동일한 대입이 같은 표기법으로 생성된다.

∞ 1 3 4 5 9

들은 상대적으로 다음과 관련된다.

0 2 6 8 10 7

따라서 $p = 5, 7, 11$의 경우에는, 모듈러 방정식은 차수 p로 축소된다. 엄격하게 이런 축소는 더 높은 경우에는 가능하지 않다.

세 번째 논문은 적분에 관한 것이다. 같은 타원 함수의 항의 합은 언제나 한 개의 항과 대수적 또는 로그적인 양의 합으로 축소되는 것을 안다. 이런 성질이 유효한 다른 함수들은 존재하지 않는다.

그러나 대수적 함수의 적분을 모든 곳에 대입하면 유사한 성질이 유효하다. 우리는 동시에 이 무리수가 근호인지 아니지를, 그것이 근호들로 표현되는지 안 되는지의 여부에 대한 모든 적분을 다루는데, 그 미분이 그 적분의 변수들의 함수이고 그 적분의 변수들의 유사한 무리수 함수이다.

주어진 무리수에 대해서 관련된 가장 일반적인 적분의 구분되는 주기들의 수가 언제나 짝수임을 발견한다.

$2n$을 이 숫자로 놓으면 다음의 이론을 얻는다.

항들의 임의의 합은 n개의 항으로 축소되고, 이것은 대수적이고 로그적인 양과 합해진다.

첫 번째 종류의 함수들은 대수적이고 로그적인 부분이 0이 되는 것들이다. n개의 유일한 것이 있다.

두 번째 종류의 함수들은 보충되는 부분이 완전히 대수적인 것이다. n개의 개별적인 것이 있다.

우리는 다른 함수들의 미분은 $x = a$를 제외하고는 절대 무한대가 되지 않는다라고 추정한다. 더욱이 그들의 보충부분은 단지 한 개의 로그값 $\log P$로 축소된다. P는 대수적인 양이다. 이 함수들을 $\prod(x, a)$로 표기하면 다음 정리를 얻는다.

$$\prod(x, a) - \prod(a, x) = \sum \Phi a \psi x$$

Φa와 ψx는 첫 번째와 두 번째 종류의 함수들이다.

$\prod(a)$와 ψ를 $\prod(x, a)$의 주기로 부르고, ψx가 x의 유사한 회전 (revolution)에 관련된 것일 때 이것으로부터 다음을 연역한다.

$$\prod(a) = \sum \psi \times \Phi a$$

따라서 세 번째 종류의 함수들의 주기들은 언제나 첫 번째와 두 번째 종류의 함수들로써 표현할 수 있다.

르장드르 이론과 유사한 다음의 이론을 연역할 수 있다.

$$FE' + EF' - FF' = \frac{\pi}{2}$$

야코비(Jacobi)가 발견한 가장 아름다운 세 번째 종류의 함수들의 정적분으로의 축소는 타원 함수들의 경우 외에는 실행할 수 없다.

자연수에 의한 적분 함수들의 곱은, 언제나 그 방정식의 근들은 그 항들을 축소시키기 위한 적분에서 대입된 값들이 되는, 차수 n의 방정식에 의해서 합으로 가능하다.

주기들의 분할을 부분들과 같은 p로 하는 방정식은 차수가 $p^{2n}-1$이다. 그것의 군은 모두 합쳐

$$(p^{2n}-1)(p^{2n}-p)(p^{2n}-p^{2n-1})$$

의 치환을 가진다.

n개의 항들의 합의 분할을 부분들과 같은 p로 주는 방정식은 차수가 p^{2n}이 된다. 그것은 근호로 풀릴 수 있다.

변환에 대해서, 먼저 아벨(Abel)이 그의 마지막 논문에서 수록한 것과 유사한 추론을 따르므로, 적분들 사이에 유사한 관계로부터 다음의 두 개의 함수를 가진다.

$$\int \Phi(x,X)dx, \quad \int \Psi(y,Y)dy$$

마지막 적분은 주기 $2n$을 가진다면, y와 Y는 x와 X의 함수로서 차수 n인 단일 방정식으로서 표현된다는 추측을 허용할 수 있다.

이것에 의해서 y와 Y의 임의의 유리 함수를 취함으로써 확실하게 다음을 얻을 수 있으므로, 일정하게 두 개의 적분들 사이에서만 변환이 발생한다는 것을 추측할 수 있다.

$$\sum \int f(y,Y)dy = \int F(x,X)dx + \text{대수와 로그 양}$$

이 방정식에 대해서 처음의 적분과 다른 것의 적분들에 대한 경우에는 확실한 축소가 존재하리라 추측하고, 그것들 모두가 같은 수의 주기를 가질 것이라고는 추측하지 않는다.

따라서 단지 양쪽이 모두 같은 주기의 수를 가지는 적분을 비교할 수 있을 뿐이다.

우리는 두 개의 유사한 적분에 대한 무리수성(irrationality)의 가장 작은 차수는 한쪽이 다른 쪽보다 클 수 없다는 것을 증명할 것이다.

주어진 적분을 언제나 첫 번째 것의 주기를 소수 p에 의해서 분할된 주기를 갖는 다른 것으로 변환할 수 있다는 것을 보일 것이다. 그리고 다른 것 $2n-1$은 같은 것으로 남는다.

따라서 남아 있는 비교할 부분은 단지 양쪽에 대해서 주기가 같은 적분들이고, 결과적으로 첫 번째의 n개의 항들은 차수 n의 첫 번째 것을 제외하고 다른 방정식 없이, 두 번째의 것과 역에 의해서, 그것들 자체로 표현된다. 여기에 우리는 어떤 것도 알지 못한다.

사랑하는 친구 오귀스트, 이런 주제만 내가 탐구했던 것은 아니라는 것을 알고 있겠지. 지금까지 오랫동안 나는 초월적인 분석의 모호성의 이론의 적용에 관한 것에 집중해왔어. 초월적인 양 또는 함수 사이의 관계에 있어서 무슨 교환이 되는지, 관계의 변화 없이 주어진 양에 대한 어떤 양을 대치할 수 있는지 그것을 선험적으로 보는 것이었어, 이것은 누구에게나 즉각적으로 많은 표현을 찾을 수 있도록 해주겠지. 그러나 나는 시간이 없어, 그리고 나의 아이디어는 매우 중요하지만 아직 준비가 되지 않은 분야이지.

너는 《레뷰 앙시로페디크(Revue encyclopedique)》에 이 편지가 출판되도록 해야 해.

나는 가끔 나의 인생에서 확신하지 않은 명제들을 진전시키려고 했어. 그러나 내가 쓴 모든 것은 거의 일 년 동안 내 마음속에 있던 것이야, 누군가는 내가 완전하게 증명하지 않는 이론을 발표한다고 의심하므로 나는 실수하는 것이 도움이 되지 않는다고 생각해.

너는 야코비와 가우스에게 이 이론의 진위가 아닌 이 이론의 중요성에 대해서 의견을 구한다고 공개적으로 요청하기 바라네.

그렇게 하면 이 모든 엉망인 상황을 누군가 해독함으로써 이익을 얻는 사람들이 있었으면 해.

너를 힘차게 껴안으며….

E. Galois
1832년 5월 29일

My dear friend,

I have analysed several new ideas. One concerning the theory of equation; the other, integral functions.

In the theory of equations, I have studied as to in which case the equations are solvable by radicals, which has provided me with an opportunity to go into this theory in depth and describe all possible transformations on an equations, even when it is not solvable by radicals.

All this can be put in three papers.

The first one is written, and, in spite of what Poisson has said, I stand by it, with the corrections that I have indicated.

The second contains rather interesting applications from the theory of equations. Here is a summary of the most important ones:

1. According to the propositions II and III of the first paper, one sees a great difference between adjoining, to an equation, one of the roots or all the roots of an auxiliary equation.

In both the cases, the group of the equation can be partitioned by adjunction into groups such that one can pass from one to another by

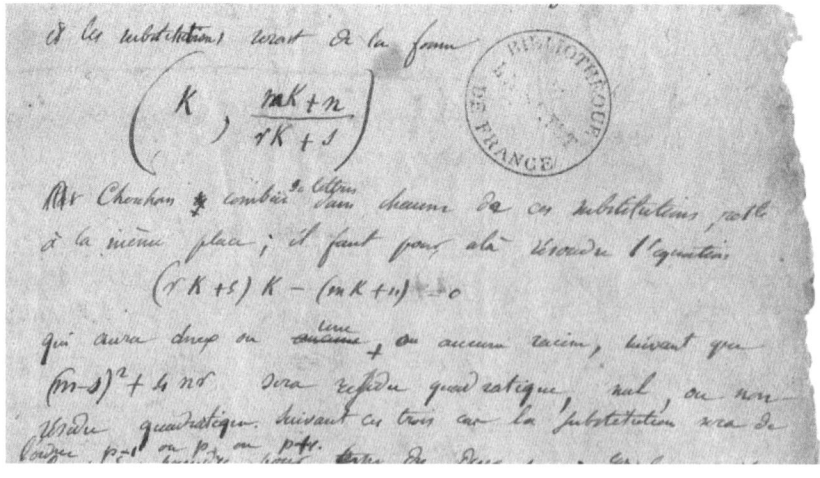

a self-transformation; but the condition that these groups have the same substitutions holds only in the second case. This is called proper decomposition.

In other words. when a group G contains another, H, the group G can be partitioned into groups each of which is obtained by operating on the permutations in H a self-transformation, in such a way that,

$G = H + HS + HS' + \cdots$

And we can also partition into groups which have all similar substitutions, such that

$G = H + TH + T'H + \cdots$

These two types of decompositions generally do no coincide. When they do coincide the decomposition is said to proper.

It is easy to see that, when the group of an equation is not susceptible to any proper decomposition, however well we might have transformed this equation, the groups of the transformed equations will always have the same number of permutations.

On the contrary, when the group of an equation is susceptible to a proper decomposition in such a way that we can decompose it into M groups of N permutations, whe can resolve the given equation by means of tiw equations: one will have a group of M permutations and the other, one of N permutations.

Hence when we would have exhausted all possible proper decompositions on the group of an equation, we arrive at groups which can be transformed but for which the number of permutations will always be the same.

If each of these groups has a prime number of permutations then the equation will be solvable by radicals; otherwise, not.

The smallest number of permutations that an indecomposable group can have, when this number is not a prime number, is 5 • 4 • 3.

2. The simplest decompositions are those which have been treated by the method of Gauss.

As these decompositions are evident, even in the present form of group of the equation, it is needless to spend more time on this subject.

Which decompositions are feasible on an equation which cannot be simplified by the method of Gauss?

I have called equations which cannot be simplified by the method of Gauss as primitive; not that these equations are really indecomposable since they may even be solvable by radicals.

As a lemma to the theory of primitive equations solvable by radicals, I have dealt with in June 1830, in the Bulletin de Ferussac, an analysis of the imaginary numbers in the theory of numbers;

One will find enclosed proof of the following theorems;

1. For a primitive equation to be solvable by radicals it should be of degree p^ν, p being prime;

2. All the permutations of such an equation are fo the form

$$x_{k,l,m,\ldots} \mid x_{ak+bl+cm+\ldots+h,\, a'k+b'l+c'm+\ldots+h',\, a''k+\ldots,\, \ldots,}$$

k, l, m. being ν indices, which, each taking p values, denote all the roots. The indices are taken modulo p; that is to say, the roots will be the same when a multiple of p is added to an index.

The group which we obtain by operating all the substitutions of this linear form contains, in all,

$$p^\nu(p^\nu-1)(p^\nu-p)(p^\nu-p^{\nu-1})$$

permutations.

It is far from being true that in this generality, the equations which they represent will be solvable by radicals.

The condition that I have indicated in the Bulletin de Ferussac for an equation to be solvable by radicals is very restricted there are a few exceptions, by there are.

The last application of the theory of equations is related to the modular equations of elliptic functions.

We show that the group of the equations which has for roots the sine of the amplitude of p^2-1 divisions of a period is:

$$x_{k\cdot l} \quad x_{ak+bl|ck+dl}$$

consequently the corresponding modular equation has for its group

$$x_{\frac{k}{l}}, \quad x_{\frac{ak+bl}{ck+dl}}$$

in which k/l can take the $p+1$ values

$$\infty, 0, 1, 2, \cdots, p-1.$$

Thus, by agreeing that k can be infinity, we can simply write

$$x_k, \quad x_{\frac{ak+b}{ck+d}}$$

By giving a, b, c, d all their values, we obtain $(p+1)p(p-1)$ permutations.

Now this group is decomposable properly into two groups, for which the substitutions are

$$x_k, \quad x_{\frac{ak+b}{ck+d}}$$

235

$ad-bc$ being a quadratic residue of p.

The group thus simplified is of

$$(p+1)p\frac{p-1}{2}$$

permutations.

But it is easy to see that it is not possible to properly decompose it further, unless $p=2$ and $p=3$.

Thus, in whatever manner we transform the equations, its group will always have the same number of permutations.

But it is curious to know if the degree can be reduced.

And firstly it cannot be reduced to less than p, since an equations of degree less than p cannot have p as a factor of the number of permutations in its group.

Therefore, let us see if the equation of degree $p+1$, for which the roots x_k are got by giving to k all its values including infinity and for which the group has for substitutions

$$x_k, \quad x_{\frac{ak+b}{ck+d}}$$

$ad-bc$ being a square, can be reduced to degree p.

But for this, the group should decompose(improperly, it is understood) into p groups of $(p+1)(p-1)/2$ permutations each.

Let 0 and ∞ be two letters related in one of these groups. the substitutions which do not permute 0 and ∞ will be of the form

$$x_k, \quad x_{m^2k}.$$

Hence if M is the letter associated to 1, the letter associated to m^2 will be m^2M.

When M is a square, we have therefore $M^2=1$. But this simplification os possible only for $p=5$.

For $p=7$ we find a group of $(p+1)(p-1)/2$ permutations, where

$$\infty\ 1\ 2\ 4$$

are respectively related to

$$0\ 3\ 6\ 5.$$

This group has its substitutions of the form

$$x_k,\quad x_{a\frac{k-b}{k-c}},$$

b being the letter corresponding to c, and a a letter which is a residue or non-residue according as c.

For $p=11$, the same substitutions take place with the same notations,

$$\infty\ 1\ 3\ 4\ 5\ 9$$

are respectively related to

$$0\ 2\ 6\ 8\ 10\ 7.$$

Thus, for the case of $p=5, 7, 11$, the modular equation os reduced to degree p.

In all rigor, this reduction is not possible in the higher cases.

The third paper concerns the integrals.

We know that a sum of terms of the same elliptic functions os always reduced to a single term plus algebraic or logarithmic quantities.

There are no other functions for which this property holds.

But very similar properties hold if we substitute everywhere, integrals of algebraic functions.

We treat at the same time all the integrals for which the differential is a functions of the variable and of a similar irrational function of the variable, whether this irrational os or os not a radical, whether it may be expressible or not expressible by radicals.

We find that the number of distinct periods of the most general integral related to a given irrational is always an even number.

Letting $2n$ be this number we have the following theorem:

An arbitrary sum of terms reduces to n terms, plus algebraic and logarithmic quantities.

The functions of the first kind are those for which the algebraic and logarithmic part is zero.

There are n distinct ones.

We can suppose that the differentials of other functions are never infinity but once for $x = a$, and moreover, that their complementary part is reduced to only one logarithm, $\log P$, P being an algebraic quantity. By denoting these functions by $\prod(x, a)$ we have the theorem

$$\prod(x, a) - \prod(a, x) = \sum \Phi a \psi x$$

Φa and ψx being functions of the first and second kind.

We deduce from this, buy calling $\prod(a)$ and ψ the periods of $\prod(x, a)$ and ψx related to a similar revolution of x,

$$\prod(a) = \sum \psi \times \Phi a$$

Thus the periods of functions of the third kind are always expressible as a function of first and second kind.

We can also deduce theorems analogous to the theorems of Legendre

$$FE' + EF' - FF' = \frac{\pi}{2}$$

The reductions of functions of the third kind to definite integrals, which is the most beautiful discovery of Jacobi, is not practicable outside the case to elliptic functions.

The multiplication of integral functions by a natural number is always possible, as addition, by means of an equation of degree n whose roots are the values to be substituted in the integral for reducing the terms.

the equation which gives the division of periods into p equal parts is of degree $p^{2n}-1$. Its group has in all

$$\left(p^{2n}-1\right)\left(p^{2n}-p\right)\left(p^{2n}-p^{2n-1}\right)$$

The equation which gives the division of a sum of n terms into p equal parts is of degree p^{2n}. It is solvable by radicals.

On the transformation. We can, at first, by following the reasoning analogous to those Abel has put in his last paper, prove that if, in a similar relation between the integrals, we have the two functions

$$\int \Phi(x, X)dx, \quad \int \Psi(y, Y)dy,$$

the last integral having $2n$ periods, one will be allowed to suppose that y and Y are expressible by means of a single equation of degree n as a function of x and of X.

According to this we can suppose that the transformations constantly take place between two integrals only, since one will obviously have, by taking an arbitrary rational function of y and of Y.

$$\sum \int f(y, Y)dy = \int F(x, X)dx + \text{an alg. and log quantity.}$$

It is likely that on this equation there will be obvious reductions in the case where for the integrals of one and of the other, it is not likely that both of them have the same number of periods.

Thus we can only compare integrals both of which have the same number of periods.

We will prove that the smallest degree of irrationality of two similar integrals cannot be greater for one than for the other.

We will then show that we can always transform a given integral into another in which a periods of the first is divisible by the prime number p, and the other $2n-1$ remain the same.

Hence what remains to compare is only integrals where the periods are the same on both sides and consequently such that the n terms of one express themselves without another equation buyt jus one of degree n, by means of the other and conversely. Here we do not know anything.

You know, dear Auguste, that these subjects are not the only ones that I have explored. My principal meditations, for some time now, were directed on the application of the theory of ambiguity to transcendental analysis. It was to see, a priori, in a relation between transcendental quantities or functions, what exchanges can be done, what quantities we could substitute to the given quantities, without changing the relation. This makes one recognise immediately lots of expressions that one could look for. But I don't have the time, and my ideas are not yet well developed int this area, which is immense.

You will get this letter printed in the Revue encyclopedique.

I have often dared in my life to advance propositions about which I was not sure, but all that I have written down have been in my mind for over an year, and it would not be too much in my interest to make mistakes so that suspects me of having announced theorems of which I would not have a complete proof.

you make a public request to Jacobi and Gauss to give their opinion, not as to the truth but as to the importance of these theorems.

After this, I hope there will be people who will profit by deciphering all this mess.

I embrace you effusively.

E. Galois

29 May 1832.

그리스 문자표

대문자	소문자	이름*	
A	α	Alpha	알파
B	β	Beta	베타
Γ	γ	Gamma	감마
Δ	δ	Delta	델타
E	ϵ	Epsilon	엡실론
Z	ζ	Zeta	제타
H	η	Eta	에타
Θ	θ	Theta	세타
I	ι	Iota	요타
K	κ	Kappa	카파
Λ	λ	Lambda	람다
M	μ	Mu	뮤
N	ν	Nu	뉴
Ξ	ξ	Xi/Ksi	크시
O	o	Omicron	오미크론
Π	π	Pi	파이
P	ρ	Rho	로
Σ	σ	Sigma	시그마
T	τ	Tau	타우
Y	υ	Upsilon	입실론
Φ	ϕ	Phi	피
X	χ	Chi	키
Ψ	ψ	Psi	프시
Ω	ω	Omega	오메가

* 국립국어원 외래어 표기 용례에 따름

참고문헌

코지마 히로유키, 천재 갈루아의 발상법, 경문사, 2018.
이시이 도시이키, 갈루아 이론의 정상을 딛다, 승산, 2017.
http://www.neverendingbooks.org/galois-last-letter
https://www.ias.ac.in/article/fulltext/reso/004/10/0093-0100

찾아보기

ㄱ

가우스	149
가우스의 방법	225
가해군	145, 189
가해열	145
갈루아 대응	180
갈루아 폐체	199
갈루아군	169
갈루아의 마지막 정리	189
갈릴레오	40
거듭순환확대	194
결합법칙	135
공액사상	166
교대군이라고	124
교환법칙	86, 96
군	87, 135
극형식	150
근과 계수의 관계	59
근의 공식	19
근의 변환	78
기본 대칭식	78
기본벡터	159
기약다항식	159
기저	159
기치환	124

ㄷ

단사	164
단순군	131
대수학의 기본 정리	149
대칭	77
대칭식	77
동형(同型)	139

ㄹ

라그랑주	58
라그랑주의 정리	90, 143
레뷰 앙시로페디크	231
레오나르도 다빈치	56

ㅁ

명령어	56
모듈러 방정식	226
몫군	140
무리수성	230
미트료시카	75

ㅂ

보조방정식	94
복소수	44
복소평면	153
부분군	88, 141
불변	166
불변군	178

ㅅ

선형공간	159
세제곱근	60
순환군	138
실수	5
3차방정식	25
4차방정식	47

ㅇ

아벨	230
아이젠슈타인	161
알고리즘	10
알콰리즈미	10
야코비	229
역원	87, 135
우치환	124
원시방정식	225

위수	87
유리수	2
유클리드	6
유한군	138
음수	3
잉여군	94, 140, 144
잉여군의 위수	96
잉여류	144
1차방정식	12
2차방정식	11, 12
5차방정식	68
2×2치환	120
n제곱근	152

ㅈ

자연수	2
전단사	164
전사	164
정규 분해	224
정규부분군	97, 98, 112, 143
정규성	184
정규열	145
정규적	225
정규확대	184
정규확대체	183, 184
정수	2
제n원분확대체	192
중간체	172

ㅊ

차원	160, 173, 183
체	157
최소분해체	161
치환의 길이	117

ㅋ

카르다노	47
켤레 복소수	44
코시의 정리	209
쿠머 확대	196

ㅌ

타르탈리아	22

ㅍ

페라리	47
페루작 회보	225
푸아송	224
피타고라스	1
피타고라스의 정리	6

ㅎ

항등사상	166
항등원	87, 135
허근	42
허수	41
호환	118
히파수스	1

A ~ Z

Abel	230
algorithm	10
basis	159
bijection	164
Bulletin de Férussac	225
complex number	44
cyclic group	138
Évariste Galois	68
factor group	140
field	157
Galois group	169
group	87
identity	135
injection	164
inverse	135
irrationality	230
isomorphism	139
Jacobi	229

Kummer extension	196	Tartaglia	22
length	117	The method of Gauss	225
normal series	145		
normal subgroup	97, 143		
normality	184	기타	
order	87		
permutation	78	A_3	83
Poisson	224	A_5	117
primitive	225	B_3	83
proper	225	N_5	128
proper decomposition	224	$Q(\sqrt{2})$	157
Revue encyclopedique	231	S_3	90
solvable group	145	S_4	110
solvable series	145	S_5	117
subgroup	88, 141	V	110
surjection	164	VA_3	110

246